和谐校园文化建设读本

锦绣服饰

JINXIUFUSHI

陈圆圆/编写

吉林教育出版社

图书在版编目(CIP)数据

锦绣服饰 / 陈圆圆编写. —长春：吉林教育出版
社，2012.6（2023.2重印）
（和谐校园文化建设读本）
ISBN 978 - 7 - 5383 - 8787 - 2

Ⅰ．①锦… Ⅱ．①陈… Ⅲ．①服饰文化—文化史—中
国—青年读物②服饰文化—文化史—中国—少年读物
Ⅳ.①TS941.12-092

中国版本图书馆 CIP 数据核字(2012)第 116006 号

锦绣服饰

JINXIU FUSHI

陈圆圆　编写

策划编辑	刘 军　　潘宏竹	
责任编辑	尹曾花	**装帧设计**　王洪义
出版	吉林教育出版社（长春市同志街1991号　邮编 130021）	
发行	吉林教育出版社	
印刷	北京一鑫印务有限责任公司	
开本	710 毫米×1000 毫米　1/16　　**印张**　12　　**字数**　152千字	
版次	2012 年 6 月第 1 版　　**印次**　2023 年 2 月第 3 次印刷	
书号	ISBN 978 - 7 - 5383 - 8787 - 2	
定价	39.80 元	

编　委　会

主　　编：王世斌

执行主编：王保华

编委会成员：尹英俊　尹曾花　付晓霞

　　　　　　刘　军　刘桂琴　刘　静

　　　　　　张　瑜　庞　博　姜　磊

　　　　　　潘宏竹

　　　　　　（按姓氏笔画排序）

总 序

千秋基业，教育为本；源浚流畅，本固枝荣。

什么是校园文化？所谓"文化"是人类所创造的精神财富的总和，如文学、艺术、教育、科学等。而"校园文化"是人类所创造的一切精神财富在校园中的集中体现。"和谐校园文化建设"，贵在和谐，重在建设。

建设和谐的校园文化，就是要改变僵化死板的教学模式，要引导学生走出教室，走进自然，了解社会，感悟人生，逐步读懂人生、自然、社会这三本大书。

深化教育改革，加快教育发展，构建和谐校园文化，"路漫漫其修远兮"，奋斗正未有穷期。和谐校园文化建设的研究课题重大，意义重要，内涵丰富，是教育工作的一个永恒主题。和谐校园文化建设的实施方向正确，重点突出，是教育思想的根本转变和教育运行机制的全面更新。

我们出版的这套《和谐校园文化建设读本》，既有理论上的阐释，又有实践中的总结；既有学科领域的有益探索，又有教学管理方面的经验提炼；既有声情并茂的童年感悟；又有惟妙惟肖的机智幽默；既有古代哲人的至理名言，又有现代大师的谆谆教诲；既有自然科学各个领域的有趣知识；又有社会科学各个方面的启迪与感悟。笔触所及，涵盖了家庭教育、学校教育和社会教育的各个侧面以及教育教学工作的各个环节，全书立意深邃，观念新异，内容翔实，切合实际。

我们深信：广大中小学师生经过不平凡的奋斗历程，必将沐浴着时代的春风，吸吮着改革的甘露，认真地总结过去，正确地审视现在，科学地规划未来，以崭新的姿态向和谐校园文化建设的更高目标迈进。

让和谐校园文化之花灿然怒放！

本书编委会

❀目 录❀

原始篇

古代篇

原始篇

服饰的起源——原始社会

远古时代,生产力低下,对于人类来说,服饰的主要功能是实用,而不是为了装饰。

伴随着服饰雏形的诞生,人类经过了长期的生产劳动实践,在制作工具和使用工具上有了很大的提高。由于地域、自然生态环境不同,不同地区的原始部落的人们裁制了各种形式的衣服以适合于自身所处的环境。在寒湿地带,人们为了防御寒冷、保护身体,很早就披上了兽皮和树叶;在热带地区,为了避免烈日照射、风雨袭击、虫叮蛇咬,人们通常会在身上涂上油脂、黏土,或绘上花纹,或披盖树叶、树皮。此外,人们为了获得猎物,往往把自己打扮成猎物的食物形象,如戴兽角或兽头形的帽子,或穿某些动物的毛皮,以便靠近狩猎目标,这与服饰的发明也有着密切的关系。

距今 10000 多年前,人类进入了新石器时代,纺织技术出现了,从此服装材料有了人工织造的布帛,服装形式发生了变化,功能也得到了改善。贯头衣和披单服等披风式服装已成为典型的衣着,饰物也日趋繁复,并对服饰制度的形成产生重大影响。在纺织品出现之后,贯头衣已发展为一种定型服式,在相当长的时期、极广阔的地域和较多的民族中普遍应用,基本上替代了旧石器时代的衣着,成为人类服装的雏形。新石器时代除有笼统式服装外,学者们还从一些考古中获得的陶塑遗物中发现有冠、靴、头饰、佩饰等。

原始服饰

发祥时期

　　距今约 25000 年前的北京山顶洞人时期,正是中国服装的发祥期,这时人们已用骨针缝制兽皮做成衣服,并用兽牙、骨管、石珠等做成串饰进行装扮。在山顶洞里曾发现穿孔的兽牙 125 枚,以獾的犬齿为多,狐狸的犬齿次之,并有鹿、狸、艾鼬的牙齿和一枚虎牙,均在牙根一端用尖状器刮挖成孔,出土时,发现有 5 枚穿孔的兽牙是排列成半圆形的,显然是原来穿在一起的串饰。另有骨管、带孔蚌壳、砾石、石珠 10 余枚,其小孔是从两面对钻的,这是钻孔技术发展到一定水平的标志。山顶洞还出土了一枚磨得很细长,一端尖锐,另一端有直径 1 毫米(已残)针孔的骨针,针长 82 毫米,直径 3.1 毫米至 3.3 毫米。这是缝制兽皮衣服的工具,缝线可能是用动物韧带劈开的筋丝,我国鄂伦春族人保留了这种古老的方法。山顶洞人佩戴的装饰品的穿孔,几乎都带有红色,似乎他们的穿戴是用赤铁矿研磨的红色粉末染过的。山顶洞人不仅关心生活的美,而且也表现了对死者的关怀,他们把死去的亲人加以埋葬并举行仪式,还在死者身边撒下红色赤铁矿粉末。红色在原始人意识中是血液的象征,失去血液便失去生命,使用红色有祈求再生之意,说明原始人的色彩观念是和原始宗教观念交织在一起的。

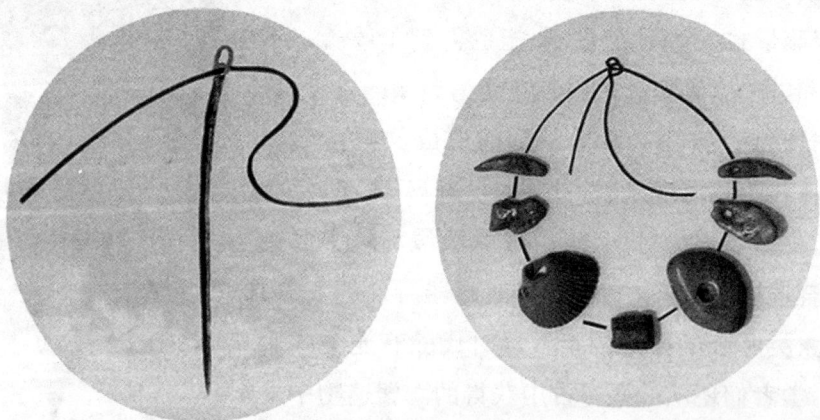

山顶洞人的骨针和装饰品

主要工具

当地球经过最后一次严寒的冰期——大理冰期之后,迎来了温暖的气候环境。中华祖先继承了漫长的旧石器时代积累的经验,开始了农耕畜牧,变被动向大自然觅取食物为主动生产繁殖生活资源。他们营造房屋,改变穴居野外的居住方式,男子出外狩猎、打制石器、琢玉;女子从事采集、制陶,发明纺麻、养蚕缫丝,纺织毛、麻、丝布,缝制衣服,改变了原始的裸态生活,进步为戴冠穿衣、佩戴首饰的文明生活。在我国已公布的全国 7000 余处较大规模的新石器遗址中均有石纺轮出土,如山西芮城西王村仰韶文化遗址晚期地层原始工具石纺轮、陶纺轮的发现,湖北天门石家河发现的大量陶纺轮,形式不下 10 种,多数还绘有花纹。在河姆渡文化遗址及龙山文化遗址都发现过织布的工具骨梭、木机刀等。

装饰材料

在距今五六万年前大理冰期之际,我国旧石器文化已发展到最后一个阶段,人的本身已从直立猿人、智人演化到现代人阶段,石器工具已有极大的发展,这时对石质的选择已从石英石、燧(suì)石、砾石等扩大到更精美的石墨、玛瑙、水晶石、玉髓、黑曜(yào)石等,石器造型已根据使用效率来加工,促进了渔猎采集的进步,使获取食物更为容易,因此他们能有闲暇时间制造各种装饰品来装扮自己。如在辽宁海城小孤山遗址曾出土穿孔的兽牙和穿孔的蚌饰及骨针,这是我国迄今发现年代最早的骨针,距今已有大约 45000 年。河北原阳虎头梁遗址曾出土有穿孔的贝壳、钻孔石珠、鸵鸟蛋壳和鸟骨制作的扁珠,若干扁珠的内孔和外缘相当光滑,说明曾长期佩戴过。山西朔县峙峪曾出土约 36000 年前用墨石制成的椭圆形扁平光滑有孔的装饰品,用水晶石制成的斧形的小石刀。山西下川文化遗址有玛瑙、玉髓、黑曜石等硅质石料的石器。

艺术审美

旧石器时代,随着生产力的提高,人类的穿着可以按其所需而自由制作,这时的服饰已经脱离了萌芽状态。到了渔猎、畜牧与农业时期,美化的要求和审美的观念伴之而生。他们不仅寻求服饰式样的合度,并对各类附属饰件加以美化。

山顶洞人生活想象图

中国原始社会的服装大体在母系氏族的繁荣期形成配套。由于当时的纺织品难以保存到今天,因此,原始社会的陶器彩绘及雕塑人物形象、玉器人形刻纹,是反映当时服装款式的珍贵资料。

历史意义

服饰是人类特有的劳动成果,它既是物质文明的结晶,又具精神文明的含意。人类社会经过蒙昧、野蛮到文明时代,缓缓地行进了几十万年。我们的祖先在与猿猴相揖别以后,披着兽皮与树叶,在风雨中徘徊了难以计数的岁月,终于艰难地跨进了文明时代的门槛,懂得了遮身暖体,创造出人类的物质文明。然而,追求美是人的天性,衣冠于人,其作用不仅在遮身暖体,更具有美化的功能。几乎是从服饰起源的那天起,人们就已将其生活习俗、审美情趣、色彩爱好以及种种文化心态、宗教观念,都积淀于服饰之中,构筑成了服饰文化的精神文明内涵。

古代篇

衣裳之始——夏商周时期

　　夏商周时期，我国进入了奴隶制社会。奴隶主阶级为了稳定内部的秩序，制定了以国王的冕服制度为中心的章服制度。而与之相应的一般服装，也随着历史的演进，有了进一步的发展。

　　由商代到西周，是区分等级的上衣下裳形制和冠服制度以及章服制度逐步确立的时期。商代衣服材料主要是皮、革、丝、麻。由于纺织技术的发展，丝麻织物已占重要地位。商代人已能精细织造极薄的绸子以及提花几何纹锦、绮，衣料用色厚重。

窄袖织纹衣、蔽膝穿戴展示图

这个时期的织物颜色以暖色为多，尤其以黄红为主，间有棕色和褐色，但并不等于不存在蓝、绿等冷色。只是以朱砂和石黄制成的红、黄二色，比其他颜色更鲜艳，渗透力也较强，所以经久不变并一直保存至今。经现代科技分析，商周时期的染织方法往往染绘并用，尤其是红、黄等正色，常在织物织好之后，再用画笔添绘。

夏商周服饰

夏商周普通服装

中国冠服制度大约在夏商时期就有了雏形。从河南安阳殷墓中出土的陶俑、玉俑来看，当时人们头戴帽，腰系带，衣有交领或对襟；贵族衣前有蔽膝（古代遮盖大腿至膝部的服饰，围于衣服前面，在先秦时代是区别尊卑等级的标志）下垂，袖为窄袖，衣上有边和绣纹，同时还可以从俑的衣着上明显看出其等级地位的不同。这些随葬的陶俑、玉俑，有的手戴桎梏，显然是奴隶或俘虏；有的踞坐，身穿精美的花纹衣，头戴冠箍，这或是奴隶主本人，或是奴隶主身边的弄臣，或是对亡国丧邦有所鉴戒的古人，三者都可能代表酗酒不节、放纵享乐的形象。有的头戴高巾帽、身穿长袍并系黻（fú），如不是个小奴隶主，也应该是个地位较高的亲信，因为古时把蔽膝等视为"权威"的象征，并用不同的质料和颜色来区分等级。

殷商时期的衣着式样有以下几种形制：其一为袖小而衣长不至足，头发剪齐至颈后，同时又似有头发编成辫子再盘于头顶；其二为后裙下垂齐足，前衣较短，饰有蔽膝，头上戴尖角帽或裹巾；其三为短衣齐膝，全身衣服有不同纹饰，平箍帽子和腰间大带可能是提花织物做成，是权贵者的衣着。

商代服饰已明显地出现了等级差别，它为周代服饰制度的完整形成奠定了基础。

西周时，等级制度逐步确立，周王朝设"司服""内司服"官职，掌管王室服饰。根据文献记载和出土文物分析，中国冠服制度初步建立于夏商时期，到周代已完整完善，春秋战国之交被纳入礼治。王室公卿为表示尊贵威严，在不同礼仪场合，顶冠既要冕弁（biàn）有序，穿衣着裳也须采用不同形式、颜色和图案。从周代出土的人形文物看，服饰装饰虽繁简不同，但上衣下裳已分明，奠定了中国服装的基本形制。

周代服饰之一

周代服饰大致沿袭商代的服制，只是略有变化。衣服的样式比商代略宽松。衣袖有大小两式，领子通用矩领，如上图所示的样式。这个时期的服装还没有纽扣，一般在腰间系带，有的在带上还挂有玉制的饰物。当时的腰带主要有两种：一种以丝织物制成，叫"大带"或叫"绅带"。另一种腰带以皮革制成，叫"革带"。上图所系的为绅带。

上图为戴平顶帽、穿雷纹窄袖矩领上衣、腰束绅带的周代男子。（山

周代服饰之二

西侯马市东周墓出土陶俑）该男子高举双手,作跪状,似为当时被俘者。周代男子服装款式特点为右衽、窄袖,长至脚踝,腰间束带的较多周代男子,也有衣长与坐齐的,本图即为此种款式,下着裤。

周代服饰之三

上图为穿窄袖服装、腰间佩剑的侍卫（湖北随县曾侯乙墓出土的钟虡铜人）。上衣是矩形交领，紧身，窄袖，衣襟下摆左长右短呈波浪形，领缘有几何形花边。下穿折裥裙裳，裙裳左右两侧各有一条几何纹直条图案为饰。裙的长度短的及膝，长的及地，均穿于上衣之内。腰系革带，挂有垂缨及心形囊。腰右侧佩短剑。

周代服饰之四

　　上图为窄袖织纹衣及佩饰展示图，根据出土铜人服饰复原。这种服装为矩领，领、袖、襟、裾均有缘饰，肩上有披肩，腰系绅带，并在右侧挂玉佩。此服属于当时一般士人的服饰。

商周军戎服饰

商代武士复原图之一

上图中的衣、裳、舄(xì)是根据四川广汉商代祭祀坑出土青铜像和石边璋线刻人像复原,胄(zhòu)采用江西新干县商墓出土实物,甲参考安阳殷墟遗址遗迹,兵器参考《中国古代兵器图集》。

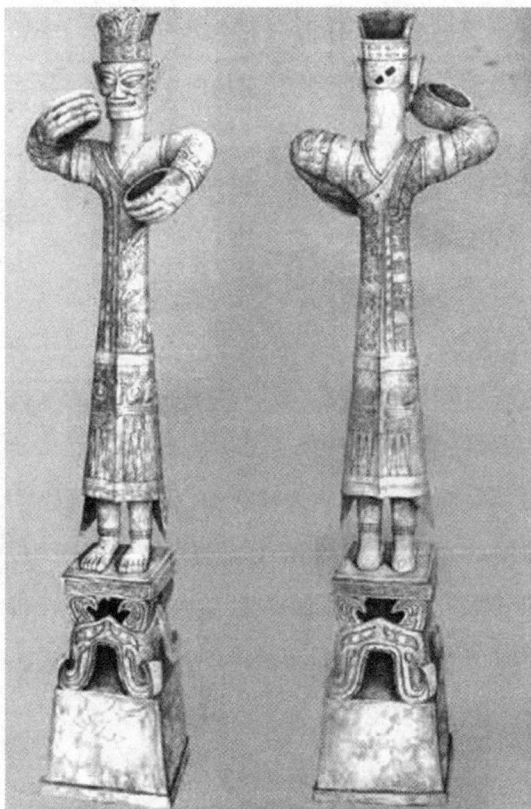

　　上图为四川广汉三星堆遗址出土的晚商大型穿龙衣的青铜立人。图中人物头戴花形冠,上穿"V型领"左衽窄袖长袖上衣,下着衣裳,左右衣裾均绕至身后,裳后两侧垂有燕尾形尖角,衣襟上饰龙纹,裳上为回纹和异兽纹,小腿上戴有脚镯,耳上有孔,原来可能戴有耳环,束回纹额带,后脑有两个斜方形孔,原来可能插有笄。这尊像铸造精美,除面部、手部的造型比较夸张外,其余各部细节都很真实,衣服上的花纹图案和系衣用的绳带、衣纽都刻画得十分清晰,是非常难得的服饰研究实物。

西周武士复原图之二

古代战甲多以犀牛皮、鲨鱼皮等皮革制成，上施彩绘。除皮甲之外，商周时期的战甲还有"练甲"和"青铜甲"。练甲时间较早，大多以缣帛夹厚绵制作，属布甲范畴。青铜甲为青铜制作的胸甲，比较坚固。

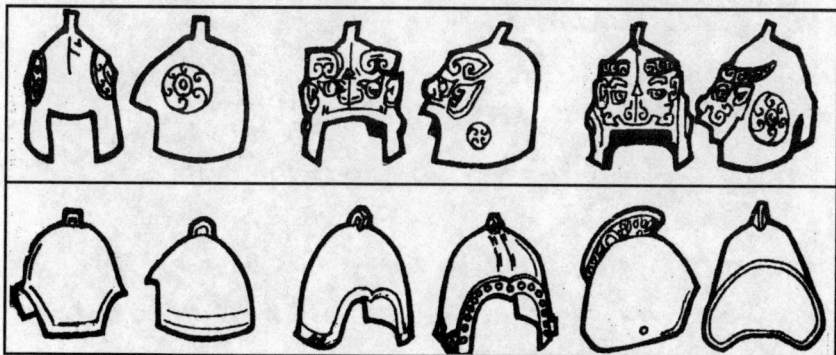

图上部分为商代铜盔三种，下部分为周代铜盔三种

夏商周发式、冠式

商代的发式多为系辫,辫长而盘于头上,或向后垂发。

商朝人的发型

商代发式

商代冠式之一

　　上图为戴帽箍的商代男子（河南安阳殷墟妇好墓出土的玉人）。图中人物双手抚膝、跪坐，发式为长发，并将发梢拧在一起，盘在头顶、戴圆箍形冠。这种发式是当时较为流行的式样。

商代冠式之二

上图为戴卷筒式冠巾、穿华丽服装的商代贵族男子（河南安阳殷墟妇好墓出土的玉人）。他身穿交领窄袖衣，衣着华丽，衣上布满云形花纹。腰束宽带，腰带压着衣领下部，衣长过膝，腹部悬有一块长方形"蔽膝"，下穿鞋。左腰插有一卷云形饰物，似乎是佩带着一种刀剑之类的武器。

上图为头戴高巾帽、穿右衽交领窄袖衣、腰束绅带、佩带蔽膝（前身腰间系有一条象征权力的下垂物，其下端呈斧口形，寓有斧能断割之意，后世将其加阔变为蔽膝）的西周贵族男子。

夏商周首饰、佩饰

首饰和佩饰是商周服饰艺术的精华。随着阶级的分化，这些饰物除被赋予宗教性的内涵之外，还被赋予了阶级的内涵。奴隶主阶级对首饰、佩饰极为重视，设立了专门的手工作坊来生产。首饰和佩饰多是骨、角、玉、蚌、金、铜等各种制品，玉制品最为突出，玉材绝大部分为新疆软玉，以青玉为主。品种多为装饰品，如头饰的笄、脚饰的钏、衣上的坠饰、佩戴的串珠等。周代奴隶主以玉品喻人品，玉成为奴隶主道德人格的象征。

笄

笄

上图为商代笄饰男女（河南安阳殷墟妇好墓出土的玉人）。图中人物似孩童形象，身上刻有清晰的纹样，可能是早期的文身，头上插的饰物，可能是一对发笄，由此可见商代发笄的安插方法。

笄在我国新石器时代就出现了，有骨笄、蚌笄、玉笄、铜笄等，是用来固定发髻的发簪。周代男女都用笄，笄的用途除固定发髻外，也用来固定冠帽。周代以前的帽大，可以罩住头部，但周代冠小只能罩住发髻，所以周人戴冠必须用双笄从左右两侧插进发髻加以固定。固定冠帽的笄称为"衡笄"，周代设"追师"的官来进行管理。衡笄插进冠帽固定于发髻之后，还要从左右两笄端用丝带拉到颔下拴住。从周代起，女子年满15岁便算成人，可以许嫁，谓之及笄。如果没有许嫁，到20岁时也要举行笄礼，由一个妇人给及龄女子梳一个发髻，插上一支笄，礼后再取下。

梳

梳的形式到商周时期已很注意美观。商代的梳有骨梳和玉梳，背部平直，中央有突起状，梳身为长方形，是商代梳的基本特点，至周代梳背向弧形变化。

商代梳

耳饰

商周时期的耳饰有玦（jué）、珰、环等。玦是圆环带缺缝的，有将环形演化成兽纹的，也有将圆形转化成椭圆形或柱形的。珰是直接穿挂于耳上的耳饰。商代晚期耳珰，上部用金丝弯成钩状，下部以金片捶压成卷曲的装饰，钩与装饰的连接处穿有一至两颗绿松石圆珠。

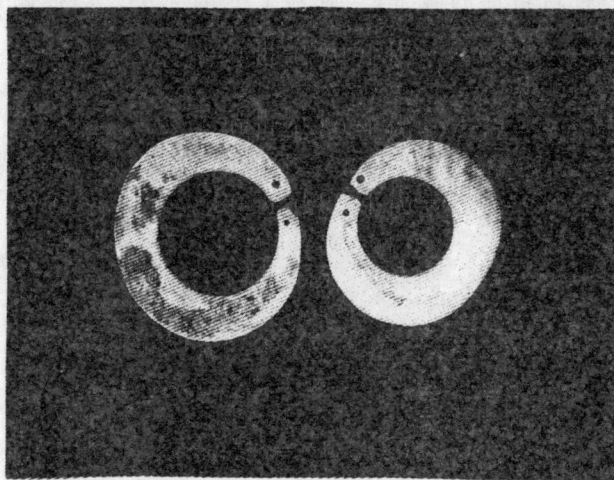

商代玉玦

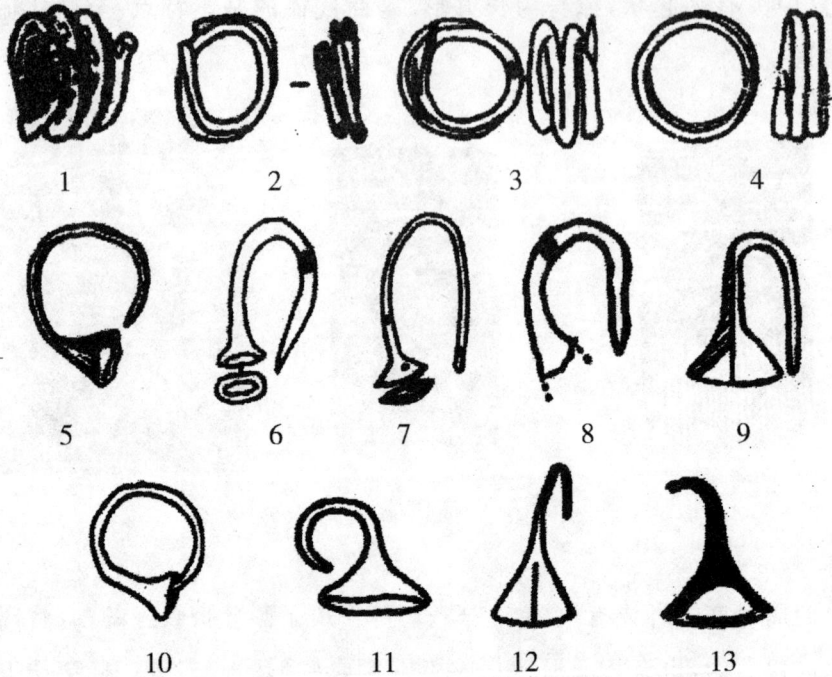

商代耳饰

佩璜

佩璜是一种玩赏性的佩玉，与礼器上的璜无关。商代佩璜已由素面无纹演变为人纹璜、鸟纹璜、色纹璜、兽纹璜等等。

其他玉佩

商周时的玉佩有象纹佩、牛纹佩、兔纹佩、龟纹佩、鹿纹佩、鸟纹佩、凤纹佩等等，形式变化比较自由。

深衣出现——春秋战国时期

春秋战国时期,上层社会大体流行深衣和胡服。

春秋战国时期织绣工艺的巨大进步,使服饰材料日益精细,品种名目日渐繁多。河南襄邑的花锦,山东齐鲁的冰纨、绮、缟、文绣,风行全国。工艺的传播,使多样、精美的衣着服饰脱颖而出。春秋战国时期,不仅王侯本人一身华服,从臣客卿也是足饰珠玑,腰金佩玉,衣裳冠履,均求贵重。古人佩玉,尊卑有度,并赋以人格象征。影响所及,上层人士不论男女,都须佩戴几件或成组列的美丽雕玉。剑,是当时的新兵器,贵族为示勇武兼用自卫,又必佩带一把镶金嵌玉的宝剑。腰间革带还流行各种带钩,彼此争巧。男女的帽,更引人注目,精致的用薄如蝉翼的轻纱,贵重的用黄金珠玉,形状有的如覆杯上耸。鞋,多用小鹿皮制作,或用丝缕、细草编成。冬天皮衣极受重视的是白狐裘,价值千金。女子爱用毛皮镶在袖口衣缘,或半截式露指的薄质锦绣手套,无不异常美观。

春秋战国时期的衣着,上层人物的宽博,下层社会的窄小,已趋迥然。深衣不同于上衣下裳,是一种上下连在一起的服装,有将身体深藏之意。这种服装在社会上影响很大,是士大夫阶层居家的便服,又是庶人百姓的礼服,男女通用。公元前307年赵武灵王颁胡服令,推行胡服骑射,便于骑射活动。

春秋战国时期的衣服款式空前丰富多样,不仅表现于深衣和胡服。乐人有戴风兜帽的,舞人有长及数尺的袖子,有人还常戴鹊尾冠,穿小袖长裙衣和斜露臂褶的下裳。这些都与多彩的社会生活相关。

深衣後圖

衣裳背中縫一直
相當謂之負繩

袪袂　　袪袂

此邊當前後縫合之
此邊衽不合兩有曲裾掩之

左衽　正縫　亦皆　四幅　後裾　右衽

舊說深衣裳圖

前後皆如此
縫之裳兩皆
奇衺不正
又誤謂裳
幅者名衽

舊說深衣裳裁布圖

續衽
六幅裁為十二幅皆如此交解各去
邊縫二尺狹頭六寸寬頭一尺二寸縫

一尺四寸　八寸

八寸　一尺四寸

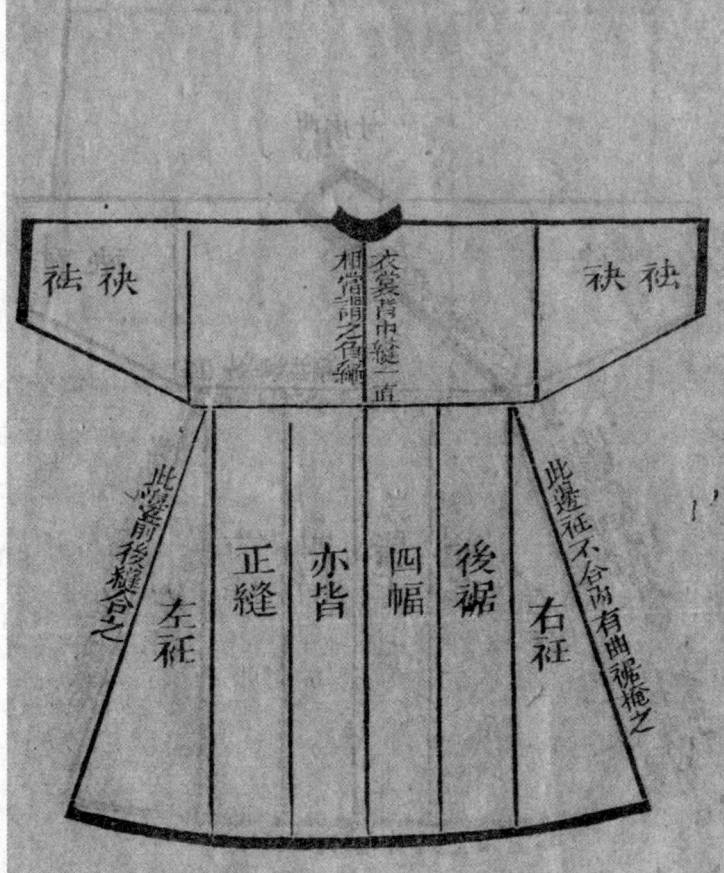

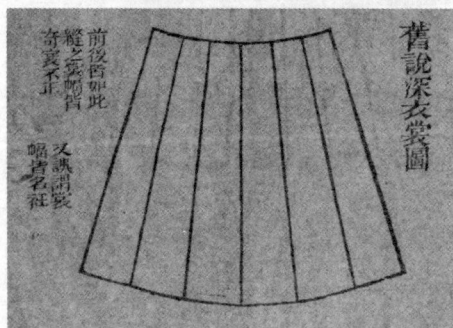

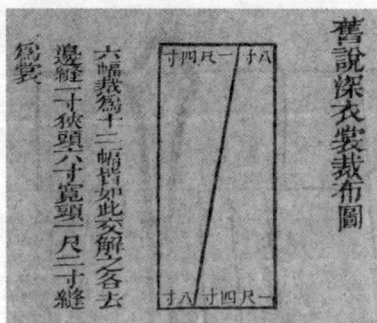

江永《深衣考误》中的深衣形制

春秋战国贵族冠帽与服饰

　　战国时期的服饰有较明显的变化,比较重要的是胡服的流行。所谓胡服,实际上是西北地区少数民族的服装,它与中原地区宽衣博带式汉族服装有较大差异,一般为短衣、长裤和革靴,衣身瘦窄,便于活动。中原地区首先采用这种服装的赵武灵王,是中国服饰史上最早一位改革者。短衣齐膝是胡服的一大特征,这种服装最初用于军中,后来传入民间,成为一种普遍的装束。上图从左至右依次为穿窄袖短衣的杂技艺人(战国铜人,传世实物,原件现在美国华府弗里尔美术馆);中图为穿窄袖短衣胡服的奴仆(河北满城出土的战国铜人)。右图为戴冠、穿齐膝窄袖胡服的男子(河南三门峡上村岭出土战国铜人)。

战国鹰鸟金顶冠饰

战国晚期玉镂空龙凤合体纹佩

武士服饰

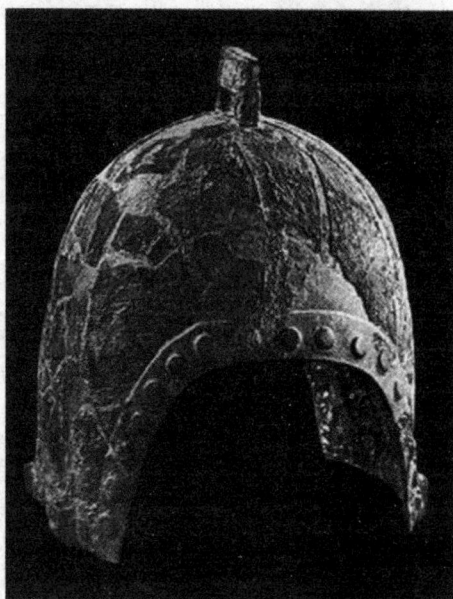

春秋时期的青铜盔帽(辽宁出土实物)。这个时期的盔帽，称兜鍪(móu)，又称胄、首铠、头鍪或盔，其形制各不相同，有用小块甲片编缀成一顶圆帽的，有用青铜浇铸成各种形状的。在一些铜盔的顶端，还往往竖有一根铜管，以便在使用时插上鸟翎及缨饰等饰物。这种铜盔的表面，大多打磨得比较光滑，而里面却粗糙不平。由此推断，当时戴这种盔帽的武士，头上都要裹头巾。

战国时期的武士服装（按照河南汲县山彪镇出土的铜镜纹饰摹绘）

在日用器物上描绘战争是战国时期装饰美术的一大特点。河南汲县山彪镇出土的铜镜和四川成都出土的铜壶等，都直接描绘了惊心动魄的战争场面。上图展示的"水陆攻战"纹饰，是山彪镇出土的局部青铜纹镜。原作刻画了 290 多个人物，包括拼搏、射杀、击鼓、犒赏、送别等热烈的战争生活场面。图中人物虽然只具轮廓，但仍可看出其服饰的大致情况。

楚国服饰

典型代表之楚国服饰

楚国贵妇的直裾单衣

　　绣罗单衣及刺绣纹样（湖北江陵马砖一号楚墓出土实物）。楚墓出土的战国中期服饰实物有绢、罗、锦、纱、绦等各种衣着十余件，为目前所见的最早的实物。从实物来看，锦袍和禅衣样式基本相同，即前身、后身及两袖各为一片，每片宽度与衣料本身的幅度大体相等。右衽、交领、直裾、衣身、袖子及下摆等部位均平直。领、袖、襟、裾均有一道缘边，袖端缘边较为奇特，通常用两种颜色的彩条纹锦镶沿。

楚国男子的曲裾深衣

　　左图为戴高冠、穿长袍的贵族男子（湖南长沙子弹库楚墓出土帛画）。画面绘一有须男子，侧身而立，手执缰绳，作驭龙状。龙纹绘成舟形，上有舆盖，下有游鱼，表示龙在水中急驰。驭龙男子处于中心位置，神态自若，气宇轩昂，似墓主人形象。尽管画面内容带有神话色彩，但人物服饰的处理还是比较接近现实：头戴高冠，冠带系于颌下，身穿大袖袍服，衣襟盘曲而下，形成曲裾，是典型的深衣样式。在同时期的木俑、铜人身上，也能见到同样的服饰。可见这个时期男子穿着深衣已成普遍现象。

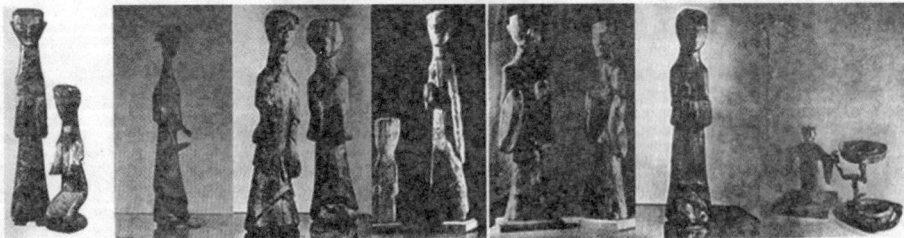

上左1、2图为穿曲裾、绕襟、彩绣深衣的男子（彩绘木俑，传世实物，原件现分别藏于荷兰莱登博物馆及美国大都会美术馆）。上左3、4、5、6图为穿曲裾、绕襟深衣的战国男子（湖南长沙出土木俑）。上右1图穿大袖绕襟深衣的仆人（河北平山县三汲村出土托灯铜人）。曲裾深衣与其他服装相比，除了上衣下裳相连这一特点之外，还有一明显的不同之处，叫"续衽钩边"，"衽"就是衣襟，"续衽"就是将衣襟接长，"钩边"就是形容衣襟的样式。它改变了过去服装多在下摆开衩的裁制方法，将左边衣襟的前后片缝合，并将后片衣襟加长，加长后的衣襟形成三角，穿时绕至背后，再用腰带系扎。

　　左图为穿袍服、挂佩饰的妇女。袍服的衣袖有垂胡，这种袖式后来也常用，主要是可以使肘腕行动方便。服装为上衣下裳，裳交叠相掩于后，腰间系带玉佩于前。此木俑是战国楚墓出土的组佩俑，当时诸侯礼聘及祭天祀神所穿礼服都佩玉，所谓"君子无故，玉不去身"（河南信阳长台关一号墓出土漆绘木俑）。

上图为穿深衣的楚国妇女（按照湖南长沙楚墓出土彩绘木俑摹绘）。楚墓出土的陶俑中多数穿直裾袍，只有此图中的陶俑穿曲裾袍。袍式长者曳地，短者及踝，袍裾沿边均镶锦缘。袍身纹饰为雷纹和重菱纹，重菱纹又称"杯纹"，因它形似双耳漆杯，又称为"长命纹"，取长寿吉利的含意。

　　上图为穿袍服的楚国妇女（湖南长沙陈家大山楚墓出土帛画）。这幅帛画是我国现存缣帛画中最早的一幅作品，在中国美术史上占有重要地位。画中绢绣妇女，两手合掌作祈祷状，似为墓中主人形象。其脑后挽髻，身穿宽袖紧身长袍曳地，上绘卷曲纹样。这种服装一般都采用轻薄柔软的质料制成。另在领、袖等主要部位缘一道厚实的锦边，以便衬出服装的骨架。袖端的锦边较有特色，大多用深浅相间的条纹锦制成，富有强烈的装饰效果。

曲裾袍服展示图（参考出土帛画复原绘制）

上图为插笄、穿短衣长裙的妇女（河北平山三汲出土的中山国玉人）及窄袖短衣、方格纹长裙穿戴展示图（根据出土玉人服饰复原绘制）。中山国是战国中期中原地区的一个由白狄族建立的少数民族诸侯国。图中展示的玉人服饰，上穿紧身窄袖衣，下穿方格花纹裙，在当时具有代表性。人物头上的卷型发饰，形似牛角，可能是中原地区流行的笄饰。

战国赵武灵王胡服骑射复原图
（胡服袍参照洛阳金村出土战国银人像；冠根据文字记载，参照汉代出土实物设计；靴根据蒙古诺音乌拉匈奴墓出土实物复原。）

战国末年，发生了历史上有名的赵武灵王"胡服骑射"的变服事件。当时战国七雄之一的赵国地处北方，与林胡、楼烦等少数民族接壤。远在商代武丁时期,东北方的猃狁、鬼方和林胡开始崛起,他们生活在崇山峻岭和起伏不平的丘陵地带,常年从事放牧、狩猎,善于骑射。这些民族经常南侵,抢掠财物,俘虏人口,不断给边境的居民带来苦难,对国家的安全造成威胁。赵国对这些民族的征讨一直持续不断,但都因为使用战车作战而不能获得全胜。要征服这些民族,只有改变作战方法,变车战为骑战,发展骑兵部队。但骑兵发展一直比较缓慢,一是当时没有马鞍具,中原人骑马就有一定难度,而在马上作战射箭,难度就更高。二是还没有合适的服装。传统的深衣戎服不便骑马。要一下子改变千百年流传下来的上衣下裳和深衣,也并不容易,于是变服成了一件有关增强国力的大事。赵武灵王几经周折,在取得部分统治集团上层人物的支持后,自己带头以国君的身份穿起了紧身窄袖、长裤皮靴的胡服。

战国武士复原图

战国是个诸侯争霸、群雄割据的时期。在这个时期里,我国古代的各种思想学说、科学文化都得到很大发展,军事装备的制造技术进步也很快。铁甲出现于战国中期,它的前身为青铜甲,是一种比较简单的兽面壮胸甲。战国时期的铁甲通常以铁片制成鱼鳞或柳叶形状的甲片,经过穿组连缀而成。

服饰盛宴——秦汉之际

秦朝冠服制度

秦始皇

公元前221年，秦灭六国，秦始皇赢政建立了中国历史上第一个统一的国家。秦始皇统一了文字、货币、度量衡等，对中华民族的形成和发展产生了极其深远的影响。因为秦始皇陵兵马俑的发现，秦代的服饰和风俗研究有着丰富的历史资料。

秦汉时代，是中国服色的一个重要阶段，阴阳五行思想在这时渗透进服色思想中。秦朝的历史甚短，因此除了秦始皇规定服色外，一般的服色应是沿袭战国时代的习惯。

秦代礼服

秦始皇规定的大礼服是上衣下裳同为黑色祭服，并规定衣色以黑为最上（周人的图腾是火，因秦始皇十分迷信阴阳五行之说，所以认为是秦的水灭掉了周的火。而黑色主水，固尚黑），又规定，三品以上的官员着绿袍，一般庶人着白袍。

秦始皇喜欢宫中的嫔妃穿着漂亮，所以服饰以华丽为上。由于他减去礼学，对于嫔妃的服色，是以迎合他个人喜好为主。不过基本上仍受五行思想支配。

秦代灰地菱纹袍服

秦代的袍服是一种有絮棉的夹层内衣,穿着时在袍服的外面要罩一件外衣。这种穿着习惯到了汉代产生了变化,令袍服逐步演变为外衣,成为一种十分流行的服饰;上至帝王,下至百官,不分级别,不论男女,也可作为朝服。因此,这种实用的服装便取代了深衣,成为最时尚的服饰。

秦始皇在冠服制度上,废除六冕,只采用一种祭祀礼服。《后汉书·舆服志》载:"秦以战国即天子位,减去礼学,郊祀之服,皆以袀(jūn)玄。"因此秦始皇规定的大礼服是上衣下裳同为黑色的祭服。官员头戴冠,身穿宽袍大袖,腰佩书刀,手执笏(hù)板(上朝用的记事工具),耳簪白笔(上朝时用于记事)。当时的男子多以袍服为贵,袍服的样式以大袖收口为多,一般都有花边。百姓、劳动者或束发髻,或戴小帽、巾子,身穿交领长衫、窄袖。

　　秦始皇对于妃嫔服色，是以迎合他个人喜好为主，不过，基本上仍受五行思想的支配。因此秦代妃嫔夏天穿"浅黄银泥云披"，而配以芙蓉冠、五色花罗裙、五色罗小扇、泥金鞋。

秦朝将士服饰

　　军官分高、中、低三级。将军是秦昭王时开设的，秦爵位 20 等，第九等为五大夫，可为将帅，再升七级为大良造，再升三级可封侯，关内侯为十九爵。二十爵为彻侯，即最高爵位。将军俑，身穿双重长襦，外披彩色铠甲，下着长裤，足蹬方口齐头翘尖履，头戴顶部列双鹖（hé）的深紫色鹖冠或橘色冠，带系于颌下，打八字结，胁下佩剑。

　　中级军官俑的服装有两种：一种是身穿长襦，外披彩色花边的前胸甲，腿上裹着护腿，足穿方口齐头翘尖履，头戴双版长冠，腰际佩剑；第二种是身穿高领右衽褶服，外披带彩色花边的齐边甲，腿缚护腿，足穿方口齐头翘尖履，头戴双版长冠。下级军吏，身穿长襦，外披铠甲，头戴长冠，腿扎行縢（即裹腿）或护腿，足穿浅履，一手按剑，一手持长兵器。也有少数下级军吏不穿铠甲，属于轻装。

　　秦军服装的甲衣是依兵种作战时运动的实用性能而配备的，并用冠饰形式和甲衣色彩区分官兵地位。

秦代甲衣

轻装步兵俑,身穿长襦,腰束革带,下着短裤,腿扎行縢,足蹬浅履,头顶右侧绾圆形发髻,手持弓弩、戈、矛等兵器。重装步兵俑服装有三种:一种是身穿长襦,外披铠甲,下穿短裤,腿扎行縢,足穿浅履或短靴,头顶右侧绾圆形发髻;第二种的服装与第一种略同,但头戴赤钵头,腿缚护腿,足穿浅履;第三种服装与第二种相同,但在脑后梳扇形发髻,不戴赤钵头。战车上甲士服装与重装步兵的第二种服装相同。骑兵战士身穿胡服,外披齐腰短甲,下着围裳长裤,足穿高口平头履,头戴弁(圆形小帽),一手提弓弩,一手牵拉马缰。战车上御手的服装有两种:一种是身穿长襦,外披双肩无披膊(即臂甲)的铠甲,腿缚护腿,足蹬浅履,头戴长冠。第二种的服装是甲衣的特别制作,脖子上有方形颈甲,双臂臂甲长至腕部,与手上的护手甲相联,对身体防护极严。

秦军胸甲披挂方式

陕西临潼秦始皇一号坑出土的将军俑

陕西临潼秦始皇一号坑出土的重装兵俑

可能用编带与头发间编的秦军编发发式图

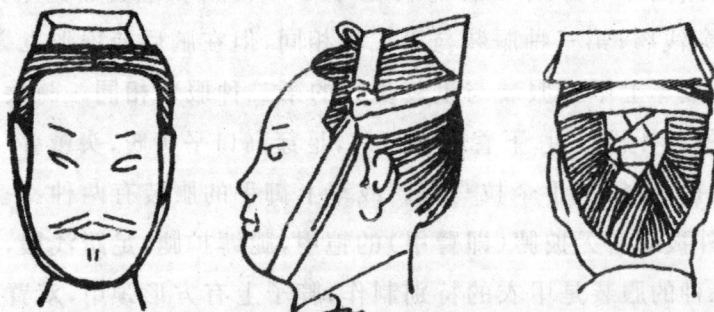

秦军冠的戴法图

秦朝百姓服饰

秦朝的百姓有的会穿着比较短的袍子,长度大约是遮住小腿,以便于工作。

秦汉时代也有裤子出现,源自于北方的游牧民族骑马打猎时穿的裤子,样式跟现代的灯笼裤很相似,汉族人民在种田、捕鱼时也穿着这种裤子。说到秦汉男子的头饰,不能不提到头巾,因为一般男性戴头巾,是从秦汉才有的风俗。

秦代服装主要承前朝影响,仍以袍为典型服装样式,分为曲裾和直裾两种,袖也有长短两种样式。秦代男女日常生活中的服饰形制差别不大,都是大襟窄袖,不同之处是男子的腰间系有革带,带端装有带钩;而妇女腰间只以丝带系扎。

汉朝服饰种类

汉取代秦朝之后,对秦朝的各项制度多有承袭。随着社会经济的发展和文化的进步,汉初出现了繁荣昌盛的局面。地主阶级统治地位业已巩固,追求奢靡生活的欲望日益强烈;加上与邻国在经济上和文化上交流的增强(如以丝绸为主的贸易商队曾两次出使西域),以及国内各民族间来往的增多,汉代的服饰也更为丰富多彩起来。

西汉建元三年(前 138)、元狩四年(前 119),张骞奉命两次出使西域,开辟了中国与西方各国的陆路通道,成千上万匹丝绸源源外运,历魏晋隋唐,始终没有中断,史称"丝绸之路"。于是,中华服饰文化传往世界。

自秦而汉,深衣有了一些发展和变化。从东汉社会上层来看,通裁的袍服转入制度化。秦代服制与战国时无大差别,保持深衣的基本形制。西汉男女服装,仍沿袭深衣形式。不论单、棉,多是上衣和下裳分裁合缝连为一体,上下依旧不通缝、不通幅;外衣里面都有中衣及内衣,其领袖边缘一并显露在外,成为定型化套装。下着紧口大裤,保持"褒衣大裙"风格。足下为歧头履,腰间束带。

自秦开始以袍作为朝服,汉代从皇帝至小吏亦以袍作为朝服,也是主要常服。也就是说深衣制的袍服,不过因不同身份的人戴的冠不同而有不同之名称。汉代的朝服,服色是随着五时色,即春青、夏朱、季夏黄、秋白、冬黑。朝服均是衬以皂缘领袖的中衣。

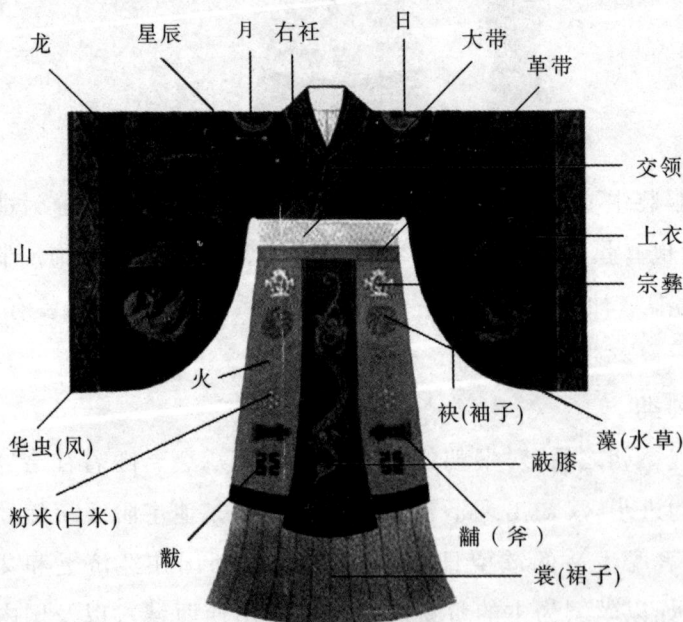

冕服

深衣

　　贵族中流行的深衣式袍服，是西周以来传统的贵族常服，而平民以
之为礼服，平常穿短褐。深衣的特点：一是上衣下裳相连；二是无男女式
样的差别，皆可穿用。但又分为两种：一为中原地区的宽大式，"宽大博
带"穿着舒适，长不拖地，下摆不开岔，屈肘可穿，袖长和臂长相等，用大
宽带束腰，中原贵族宴乐时喜爱穿用。二为瘦长式，"续衽钩边"在楚地
最为流行，较北方的瘦长，领沿较宽，用较厚织物作边，右衽很长。战国
时有单、夹、棉、皮。袍服的领式突破了西周时期的矩形领，流行交领式
右衽、左衽。

襦裙

上襦下裙的女服样式，早在战国时代已经出现。到了汉代，由于深衣的普遍流行，穿这种服饰的妇女逐渐减少。据此，有人认为汉代根本不存在这种服饰，只是到了魏晋南北朝时才重新兴起。其实，汉代妇女并没有摒弃这种服饰，在汉乐府诗中就有不少描写。这个时期的襦裙样式，一般上襦极短，只到腰间，而裙子很长，下垂至地。襦裙是中国妇女服装中最主要的形式之一。自战国直至明朝，前后两千多年，尽管长短宽窄时有变化，但基本形式始终保持着最初的样式。

历经秦朝的严苛政治，刘邦以平民得天下，力求予民休息，一般制度多无太大改变，冠服制度，也大都承袭秦制。直至东汉明帝永平二年（59年），才算有正式完备的规定。

汉朝的衣服，主要的有袍、襜褕（chān yú，直身的单衣）、襦（短衣）、裙。汉代因为织绣工业很发达，所以有钱人家就可以穿绫罗绸缎漂亮的衣服。一般人家穿的是短衣长裤，贫穷人家穿的是短褐（粗布做的短衣）。汉朝的妇女穿着有衣裙两件式，也有长袍，裙子的样式也多了，最有名的是"留仙裙"。

曲裾

　　曲裾实际是深衣的一种。深衣根据衣裾是否绕襟而分为直裾与曲裾。属曲裾的深衣则后片衣襟加长，加长后的衣襟形成三角形，经过背后再绕至身前，然后在腰部用大带约束，可遮住三角衽片的末梢。这可能就是古籍资料提到的"续衽钩边"。"衽"是衣襟，"续衽"就是将衣襟接长，"钩边"应该是形容绕襟的样式。

秦汉妇女服饰实物

上图从上至下依次为素纱禅衣（湖南长沙马王堆一号汉墓出土实物）。中图为印花敷彩绛红纱曲裾绵袍（湖南长沙马王堆一号汉墓出土实物），身长 1.3 米，两袖通长 2.36 米。下图为"万事如意"锦服（新疆维吾尔自治区民丰县东汉墓出土实物），身长 1.33 米，两袖通长 1.89 米，服装的款式是典型的西域民族样式，但质料和纹样有汉族特点，还织着寓意吉祥如意的汉字，是东汉时期各民族人民相互交融的产物。

马王堆汉墓发掘出的实物资料异常丰富，尤其是服装，经历两千多年，质地仍然坚固，色泽依然鲜艳，反映出古代劳动人民的精湛技术和高超水平。从一号墓出土的服饰有素纱禅衣、素绢丝绵袍、朱罗纱绵袍、绣花丝绵袍、黄地素缘绣花袍、绛绢裙、素绢裙、素绢袜、丝履、丝巾、绢手套等几十种之多。颜色有茶色、绛红、灰、朱、黄棕、棕、浅黄、青、绿、白等。花纹的制作技术有织、绣、绘。纹样有各种动物、云纹、卷草纹及几何纹等。其中最使人感到惊奇的是素纱禅衣，整件服装薄如蝉翼，轻如烟雾，衣长 1.28 米，两袖通长 1.9 米，在领边和袖边还镶着 5.6 厘米宽的夹层绢缘，但全部重量只有 48 克，还不到一两，是一件极为罕见的稀世珍品。

上图为"信期绣"茶黄罗绮绵袍（湖南长沙马王堆一号汉墓出土实物），身长 132 公分，两袖通长 228 公分。

汉朝冠饰、佩饰

汉代冠和汉代以前的不同之处是汉代以前男子直接把冠罩在发髻上，秦及西汉在冠下加一带状的颏（kuǐ）与冠缨相连，结于颌下，至东汉则先以巾帻（zé）包头，而后加冠，这在秦代是地位较高的人才能如此装束的。

巾本是古时表示青年人成年的标志，男人到了 20 岁，有身份的士加冠，没有身份的庶人裹巾，劳动者戴帽。巾是"谨"的意思。战国时韩国人以青巾裹头，故称苍头。秦国以黑巾裹头，称为黔首。东汉末如袁绍、孔融等都以幅巾裹头。

帻是战国时由秦国兴起的，用绛帕（赤钵头）颁赐武将，陕西秦俑坑出土的武士就有戴赤钵头的。帻类似帕首的样子，开始只把鬓发包裹，不使下垂，汉代在额前加立一个帽圈，名为"颜题"，与后脑三角状耳相接，文官的冠耳长，武官的冠耳短。巾覆在顶上，使原来的空顶变成"屋"，后来高起部分呈介字形屋顶状的称为"介帻"，跨于介帻之上的冠体称为展筒，展筒前面装表示等级地位的梁。呈平顶状的称"平上帻"，身份高贵的可在帻上加冠。进贤冠与长耳的介帻相配，惠文冠与短耳的平上帻相配。平上帻也有无耳的。帻的两旁下垂于两耳的缯帛名为"收"。蔡邕在《独断》中讲：帻是古代卑贱执事不能戴冠者所用，孝武帝到馆陶公主家见到董偃穿着无袖青襟单衣，戴着绿帻，乃赐之衣冠。汉元帝额上有壮发，以帻遮掩，群臣仿效，然而无巾。王莽无发，把帻加上巾屋，将头盖住，有"王莽秃，帻施屋"的说法。汉代未成年人所戴的帻是空顶的，即未冠童子，帻无屋者。文官在进贤冠下衬介帻，武官在武冠下衬平上帻。东汉后期出现前低后高，即颜题低，耳高的样式，称为平巾帻。

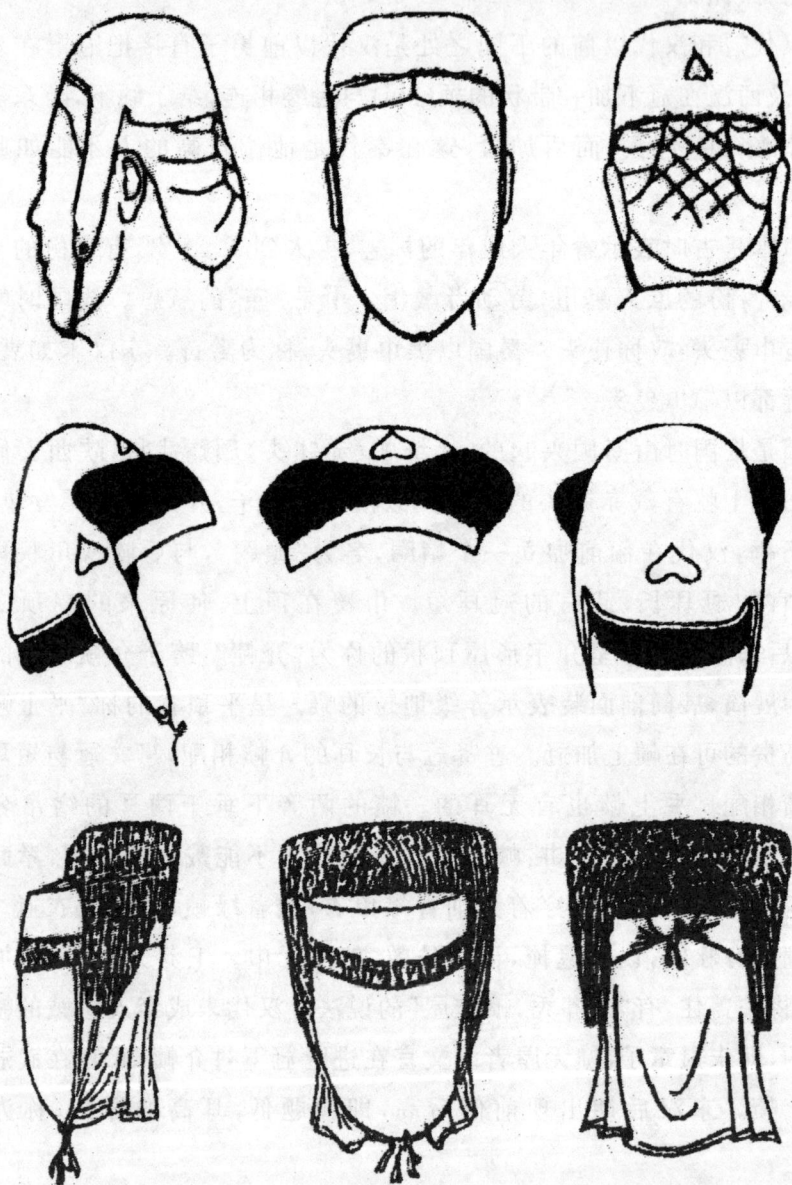

由直接戴弁到用帻衬戴武弁到发展为武弁大冠

汉代的冠是区分等级地位的基本标志之一，主要有冕冠、长冠、委貌冠、爵弁、通天冠、远游冠、高山冠、进贤冠、法冠、武冠、建华冠、方山冠、术士冠、却非冠、却敌冠、樊哙冠等16种以上，这些冠的形式，只能从汉代美术遗作中去探寻。

冕冠，是皇帝、公侯、卿大夫的祭服。冕綖长一尺二寸（合25.63厘米，汉代一尺合0.233米），宽七寸（合16.31厘米），前圆后方，冕冠外面涂黑色，内用红、绿二色。皇帝冕冠十二旒（liú），系白玉珠，三公诸侯七旒，系青玉珠，卿大夫五旒，黑玉为珠。各以绶彩色为组缨，旁垂纩（kuàng）。戴冕冠时穿冕服，与蔽膝、佩绶各按等级配套。

长冠，汉高祖刘邦先前戴之，用竹皮编制，故称刘氏冠，后定为公乘以上官员的祭服，又称斋冠，形式与长沙马王堆一号汉墓出土木俑所戴冠相似。配黑色绛缘领袖的衣服，绛色裤袜。

委貌冠，长七寸，高四寸，上小下大，形如覆杯，以皂色绢制之。公卿诸侯、大夫于辟雍行大射礼时所戴。执事者戴白鹿皮所做的皮弁，形式相同，是夏之毋追、殷之章甫、周之委貌的发展。

爵弁，广八寸，长一尺六寸，前小后大，大祭时士和乐人所穿，也做士的冠礼三加礼冠，士婚礼时新婿所戴礼冠。

通天冠，也称"高山冠"。《后汉书·舆服志下》记载："通天冠，高九寸，正竖，顶少邪却，乃直下为铁卷梁，前有山、展筒、为述。"百官于月正朝贺时，天子所戴。山述就是在颜题上加饰一块山坡形金板，金板上饰浮雕蝉纹。

远游冠，制如通天冠，有展筒横于前而无山述。诸王所戴，有五时服作为常用，即春青、夏朱、季夏黄、秋白、冬黑。西汉时为四时服，即春青、夏赤、秋黄、冬白。

高山冠，又称侧注冠，直竖无山述，中外官谒者仆射所服，原为齐王冠，汉时为中外来使者、客人拜见帝王时专用。

进贤冠，前高七寸，后高三寸，长八寸，公侯三梁（梁即冠上的竖脊），中二千石以下至博士两梁，博士以下一梁。为文儒之冠。

法冠，又称獬（xiè）豸（zhì）冠，獬豸一角，能辨曲直，故以其形为冠，执法者所戴。楚王曾获此兽，制成此冠，秦灭楚后将此冠赐给执法近臣，汉沿用为御史常服。

武冠，又称武弁大冠，诸武官所戴，汉侍中、中常侍加黄金珰，附蝉为纹，后饰貂尾，谓之赵惠文冠，秦灭赵以之赐近臣。汉貂用赤黑色，王莽用黄貂。

《后汉书·舆服志》记载："武官在外及近卫武官戴鹖冠，在冠上加双鹖尾竖左右，鹖者勇雉也，其斗对一，死乃止。"鹖是一种黑色的小型猛禽。

建华冠，以铁为柱卷，贯大铜珠9枚，又名鹬冠，可能以鹬羽为饰。祀天地五郊，明堂乐舞人所戴。

方山冠，亦称巧士冠，似进贤冠和高山冠，用五彩縠为之，不常服，惟郊天时从人及卤簿（仪仗）中用之。概为御用舞乐人所戴。

术士冠，与《三礼图》所载相合，是司天官所戴，但东汉已不施用。

却非冠，制如长冠而下促，俗称鹊尾冠。宫殿门吏、仆射所戴。

却敌冠，前高一寸，通长四寸，后高三寸，制如进贤冠，卫士所戴。

樊哙冠，广九寸，高七寸，前后出各四寸，制似冕，司马殿门卫所戴。此冠取义鸿门宴时，樊哙闻项羽欲杀刘邦，忙裂破衣裳裹住手中的盾牌戴于头上，闯入军门立于刘邦身旁以保护刘邦，后创制此种冠式以名之，赐殿门卫士所戴。

组绶

在袍服外要佩挂组绶，组是官印上的绦带，绶是用彩丝织成的长条形饰物，盖住装印的鞶（pán）囊或系于腹前及腰侧，故称印绶。以绶的颜色标示身份的高低。帝皇黄赤绶四彩，黄赤缥绀，长二丈九尺九寸，五百首。太皇太后，皇太后，皇后同。诸侯王赤绶四彩。黄赤缥绀，长二丈一尺，三百首。长公主，天子贵人同。公侯将军金印紫绶二彩。紫白，长一丈七尺，一百八十首。九卿银印青绶三彩，青白红，长一丈七尺，一百二十首。千、六百石铜印墨绶三彩。四、三、二百石铜印黄绶。自青绶以上有三尺二寸长的縌(nì)与绶同彩,而首半之,用以佩縌。紫绶以上可加玉环和镢(jué)(镢是有舌的固定带子用的环状物)。这里的首是经丝密度的单位,单根丝为一系,四系为一扶,五扶为一首,绶广六寸,首多者丝细密,首少者粗。佩縌就是结绶于縌,意即在佩玉的带纽上结彩组,与绶相连。平时官员随身携带官印,装于腰间的鞶囊中,将绶带垂于外边,绶带一端打双结,一端垂于身后。

优雅舒适——魏晋南北朝时期

　　南北朝时,北方少数民族入主中原,人民错居杂处,政治、经济、文化风习相互渗透,形成大融合局面,服饰也因而改易发展。北方民族短衣打扮的袴褶渐成主流,不分贵贱,男女都可穿用。女子衣着"上俭下丰"。东晋末至齐、梁间,衣着为襦裙套装。足穿笏头履、高齿履(一种漆画木屐),流行一时。另一方面,少数民族受汉朝典章礼仪影响,穿起了汉族服装。鲜卑族北魏朝于太和十八年(494年)迁都洛阳后,魏孝文帝推行汉化政策,改拓跋姓氏,率"群臣皆服汉魏衣冠"(原来鲜卑族穿着夹领小袖衣服)。这次改革旧俗,史称孝文改制,使秦汉以来冠服旧制得以赓续,推动了中华服饰文化的发展。

　　魏晋南北朝是政治和经济动荡的时期,士大夫阶层形成了消极的社会风气,追求"对酒当歌"的享乐主义,沉沦于颓废的生活方式,以老庄、佛道思想为时尚,这种风气也直接反映在人们的衣冠服饰上。最具代表性的是当时的七位贤士,世人称"竹林七贤"。

　　宽衣博带是这个时期的流行服饰。上自王公名士,下至平民百姓,都以大袖宽衫为时尚。男子穿衣敞胸露臂,衣服披肩,追求轻松、自然、随意;女子服饰则长裙拖地,大袖翩翩,饰带层层叠叠,优雅而飘逸。

戴巾、穿宽衣的士人(孙位《高逸图》局部)

男子服饰

魏晋南北朝时期的衣裳最具特色的是大袖衫、裤褶与裲裆（liǎngdāng）以及宽袍。

这个时期男子的装束以大袖翩翩的衫为尚，受到南朝各阶层男子喜爱。它是在传统的汉服基础上发展起来的。形制与袍相仿，只是袖口不同，袖口有祛者为袍，无祛者为衫。《释名·释衣服》曰："衫，衣无袖端也。"指的就是袍与衫的区别。由于不受衣祛等部约束，魏晋服装日趋宽博。"凡一袖之大，足断为两，一裙之长，可分为二"。上自王公名士，下及黎庶百姓，皆以宽衫大袖、褒衣博带为尚。从传世的绘画作品及出土的人物图像中，皆可以看到以上情况。

另外此时盛行衫，袖口尽可放宽，袖的宽度在我国历史上除宋代服装的衣袖外可谓最宽的时期。《晋书·五行志》云："孙休后衣服之制，上长下短，又积领五六而裳居一二；武帝泰始初，衣服上俭下丰，著衣皆压腰。"故《抱朴子·讥惑篇》曰："丧乱以来，事物屡变，冠履衣服，袖袂裁制，日月改易，无复一定，乍长乍短，一广一狭，忽高忽卑，或粗或细，所饰无常，以同为快。其好事者，朝夕仿效，所谓京辇贵大眉，远方俱半额也。"以上是对南朝服饰的描述。

冠式

魏晋和南北朝时期，等级服饰有所变革，民族服饰大为交融。冠帽已多用文人沿用的幅巾代替，有折角巾、菱角巾、紫纶巾、白纶巾等。魏初，文帝曹丕制定九品官位制度，"以紫绯绿三色为九品之别"。这一制度此后历代相沿杂而用之，直到元明。

这时期的主要冠式是笼冠。

晋代的首服除幅巾为社会沿用之外，有官职的男子还戴小冠，而冠上再加纱帽的称漆纱笼冠，本是两汉武士之制，传之又传，不仅用于男官员，并流传民间且男女通用。

笼冠

晋代顾恺之的《洛神赋图》是根据曹植《洛神赋》而作的长幅卷轴画。

画中所绘洛神形象，无论从发式或服装来看，都是东晋时期流行的装束。画中侍者多戴笼冠，笼冠的形象与北朝墓葬中出土的图像略同，可见笼冠为北朝时期的主要冠式之一。

女子服饰

魏晋女装多承旧制，有衫、袄、襦、裙之制。样式有宽博的，也有窄式的，多用对襟，领、袖边缘都施以彩绣，腰系围裳，外系丝带。吴均的《与柳恽相赠答》云："纤腰曳广袖，半额画长蛾。"咏的就是宽衣。南梁庚肩吾《南苑还看人》云："细腰宜窄衣，长钗巧挟鬟。"咏的则是窄衣。可见当地女装风格多样。

帔子是当时妇女服饰之一，

吉林省集安县舞俑墓高句丽壁画东壁左上角进食图

《释名》云："披之肩背，不及下也。"这是一种形似围巾，披在颈肩部的衣物，较早出现于晋永嘉年间，流行于以后各朝，到隋唐时广为流传，主要是用于已婚妇女。

深衣到这一时期在女装中仍然可见,但这时期的形式有了明显的不同,并独具风格。其主要变化在下摆部位,通常将下摆裁成三角形,上宽下尖,层层叠起。围裳中伸出腰带,飘带较长拖地,走路时如燕飞舞,故有"华带飞髾"之说。南北朝时,没有了飘带,尖角的燕尾大大加长,使两者合为一体。

发式与妆饰

吉林集安舞俑冢

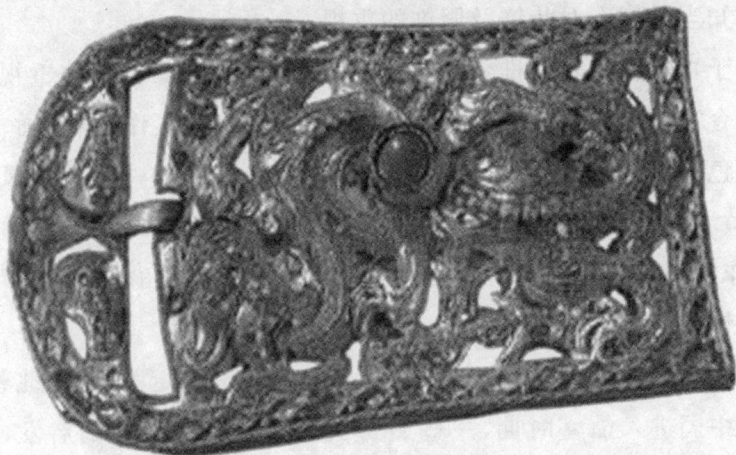

西晋刘弘墓出土龙纹金带扣,长9厘米,宽6厘米

发式

这个时期的妇女，在发间掺入一些假发，梳成称为"假髻"的发髻。另外，此时也出现了名目繁多的发式，有灵蛇髻、飞天髻等。"灵蛇髻"相传为魏文帝皇后甄氏所创。

魏晋南北朝这段时期，妇女鬓发出现了所谓的"薄鬓"，也就是将鬓发梳理成薄薄的一片，形如蝉翼。这是魏晋南北朝妇女发饰中最为典型的一种妆饰。例如，在顾恺之《列女图》画里的贵妇，就有不少这种发饰。

妆饰

至魏晋南北朝时，女性美的观念由质朴趋于华丽，从自然转向雕琢。当时的文学作品便充分反映出这种状况。如曹植《洛神赋》描写的妇女妆饰："奇服旷世，骨像应图。披罗衣之璀璨兮，珥瑶碧之华琚。戴金翠之首饰，缀明珠以耀躯。践远游之文履，曳雾绡之轻裾。"崔豹在《古今注》记："魏文帝宫人断所爱者，有莫琼树、薛夜来、陈尚衣、段巧笑，皆日夜在帝侧。琼树始制蝉鬓，望之缥缈如蝉翼，故曰蝉鬓。巧笑始以锦衣丝履，作紫粉拂面。尚衣能歌舞，夜来善为衣裳。皆为一时之冠绝。"从上述可知当时妇女对妆饰及服饰的重视。

由于贵族统治者的推崇和提倡，妇女对面部的修饰十分重视。魏武帝曹操令宫人作长眉，谓之"仙蛾妆"；梁武帝令宫人作白妆，画青黛眉。最具特色的是"额黄之妆"，这是南北朝以后所流行的一种妆饰风习。所谓"额黄"，就是以黄色的颜料染画在额间。梁简文帝诗云："同安鬟里拔，异作额间黄。"北周庚信诗云："眉心浓黛直点，额角轻黄细安"都是指这种妆饰。

这种妆饰风俗的出现，似乎与佛教的流行有一定关系，南北朝时期，佛教在中国进入鼎盛时期，一些妇女从鎏金的佛像上受到启发，也将自己的额头涂染成黄色。

"花黄"是用黄色纸片或其他薄片剪成花样粘贴于额。"花黄"也是当时妇女开始流行的一种妆饰。除此之外，还有"花钿（diàn）"。"花钿"

又名"花子"，相传是南朝宋武帝的女儿寿阳公主，在正月初七的那天，仰卧于含章殿下，殿前种植着一片腊梅，微风袭来，吹下一朵梅花，正好落在公主额上。额上被深染花瓣之状，怎样洗涤也拂拭不掉。宫廷中的其他女子觉其新异，乃竞相效仿，因而形成一种风习。

华丽开放——隋唐时期

581年，隋文帝杨坚统一了南北朝，结束自汉末以来长达300多年分裂割据的局面。虽然其统治的时间不长，但无论是在政治上、经济上、文化上，都为唐朝奠定了坚实的基础。其服制基本沿袭南北朝之制，只是对个别衣、冠做了一些调整。

唐代是中国历史上的一个鼎盛时期，在服制方面的发展也十分明显，尤其在盛唐时期，社会经济、文化的全面发展，安定的政治局面，为服饰制度的改革和发展提供了有利的条件。这一时期的中国文化进入了气度恢宏、史诗般壮丽的时期。英国威尔斯在《世界简史》中说："当西方人的心灵为神学所缠迷而处于蒙昧黑暗之中，中国人的思想却是开放的，兼收并蓄而好探求的。"唐文化还体现在兼容并蓄了外域文化，尤其是贞观、开元年间，中国的封建文化到了鼎盛时期，上承历史冠服制之源头，下启后世冠服制之径道，融合外域服饰的特点，形成了特色鲜明的唐服。

安史之乱后唐朝步入衰退，中国社会又进入五代十国的割据和混乱局面。五代十国的服饰基本上沿袭唐制，但逐步趋于简练、实用、保守。由于南方战争较少，南唐、蜀、吴越等国不仅保存了中国传统的封建经济和文化，而且还使之得到了进一步发展，在金陵、成都等地，其服饰比北方服饰要考究得多，质料精美，丰富多彩。

上图为隋朝时期的短襦、长裙及翻领窄袖服穿戴展示图

隋唐时期，经济文化繁荣，服饰的发展无论是衣料还是衣式，都呈现出一派空前灿烂的景象。彩锦，是五色俱备织成种种花纹的丝绸，常用作半臂和衣领边缘服饰。特种宫锦，花纹有对雉、斗羊、翔凤、游鳞之状，章彩华丽。刺绣，有五色彩绣和金银线绣等。印染花纹，分多色套染和单色染。隋唐时期男子冠服特点主要是上层人物穿长袍，官员戴幞（fú）头，百姓着短衫。直到五代，变化不大。天子、百官的官服用颜色来区分等级，用花纹表示官阶。隋唐女装富有时装性，往往由争奇的宫廷妇女服装发展到民间，被纷纷仿效，又往往受西北民族影响而别具一格。隋唐时期最流行的女子衣着是襦裙，即短上衣加长裙，裙腰以绸带高系，几乎及腋下，给人一种俏丽修长的感觉。

隋唐女子好打扮。从宫廷传开的"半臂"，历久不衰，后来男子也有穿着的。当时还流行长巾子，系用银花或金银粉绘花的薄纱罗制作，一端固定在半臂的胸带上，再披搭肩上，旋绕于手臂间，名曰披帛。唐代妇女的发饰多种多样，各有专名。女鞋一般是花鞋，多用锦绣织物、彩帛、皮革做成。唐人善于融合西北少数民族和天竺、波斯等外来文化，唐贞观至开元年间十分流行胡服新装。

服饰文化以民族传统文化为主导，对外开放，吸收胡服的滋养，发展了大唐盛世的中华主体服饰文化。五代十国虽处于分裂状态，但在服饰上，大体是沿袭唐制。

服饰种类

1. 襦裙是唐代妇女的主要服饰。半臂，又称"半袖"，是一种从短襦中脱胎出来的服饰。一般为短袖、对襟，衣长与腰齐，并在胸前结带。样式还有"套衫"式的，穿时由头套穿。半臂下摆，可显现在外，也可以像短襦那样束在里面。

隋代短襦、长裙、披帛及穿小袖短襦、长裙的隋代妇女(隋代瓷俑实物)

2.唐代的襦是一种衣身狭窄短小的夹衣或棉衣，领口和袖口有金彩纹绘或刺绣工艺，有的还镶有绫锦，这些装饰使服装的效果更加华美富丽。唐代的裙式大多高腰或束胸，款式贴臀，宽摆齐地，下摆多呈圆弧形。

3.盛唐以后,胡服的影响逐渐减弱,女服的样式日趋宽大。到了中晚唐时期,这种特点更加明显,一般妇女服装,袖宽往往四尺以上。敦煌莫高窟出土的绢画妇女及《簪花仕女图》所绘的贵族妇女以及南唐二陵墓出土的陶塑妇女服饰,都是这一时期的典型样式。唐代贵族妇女,头簪特大花朵,身穿透明纱衣,纱衣的里面不穿内衣,仅以轻纱蔽体,这是一种大胆的装束,从中也反映出当时妇女的思想开放。大袖衫裙样式为大袖、对襟,配以长裙、帔帛。上图为敦煌莫高窟五代壁画,头戴凤冠宝髻、金花簪蓖,珠宝颈链,大袖衫裙,帔帛,圆头履的贵族妇女。

4.女装男性化是唐代社会开放的表现之一，妇女穿着男装是当时一种时尚。唐代男子服饰，主要有圆领窄袖袍衫、胡服等。上图为梳高髻或同心髻，穿圆领袍衫、小口裤、襦裙、帔帛、半臂，浅履的年轻宫女（陕西省乾县唐章怀太子墓壁画观鸟捕蝉图）。

5.帔帛是一种长围巾，多以丝绸裁制，上面印画纹样，一般披在女子肩背上，花色和披戴方式很多。有的将其两端垂在手臂旁，一头垂得长些，一头垂得短些；有的将其右边一头束在裙子系带上，左边一头由前胸绕过肩背，搭着左臂下垂，还有的将其两端捧在胸前……帔帛会随女子行动时而飘舞，非常优美。

穿大袖纱罗衫、长裙、帔帛的贵妇

6.大袖衫是盛唐时期的女装,因为它的衣袖往往宽于 1.3 米,所以这种衣服被称为"大袖衫"。大袖衫一般用轻薄透明的纱料制成,上面还有精美的图案。女子穿上它,能显露出华贵而飘逸的气质。

穿薄纱大袖衫,高腰裙,帔帛,高髻簪花的仕女

7.回鹘是中国西北地区的少数民族,回鹘女子的服装对唐代汉族女子的服装影响较大。回鹘女装的基本款式是连衣长裙,翻折领、窄袖,衣身比较宽松,腰际束带。一般在翻领和袖口上都有凤衔折枝花的纹饰。

女子在穿这种服装时要梳椎状的回鹘髻,上饰珠玉,簪钗双插,戴金凤冠,穿笏头履。

复原后的蹀躞带(吉林省博物馆藏复制品)

8.蹀躞(diéxiè)七事　蹀躞带是隋唐时期男子通常佩戴的东西。蹀躞是革带上用来挂物的小带子;七事是指刀子、火石、针筒等七种要用的物件。蹀躞带上装饰的质料和数目的多少,表用者身份的高低。

蹀躞带饰四种(吉林和龙八家子渤海遗址出土)　　蹀躞带穿戴展示图

9.胡服　唐代的胡服,实际上是指西域地区的少数民族服饰和印度、波斯等外国服饰。比较常见的胡服形式是翻领窄袖袍、条纹小口裤、透空软锦靴和锦绣浑脱帽,有的还佩有蹀躞带。

梳髻、穿翻领胡服的妇女（彩绘陶俑，原件现藏故宫博物院）

10.唐代舞蹈服　唐代舞蹈分为两种截然不同的风格，一种叫"软舞"，也称"文舞"，属于汉族的舞蹈，舞姿宛转、舒展，余韵悠长，舞服宽松、飘逸，大袖较多；另一种叫"健舞"，也称"武舞"，属于胡舞的范畴，舞姿威武、激越，旋转腾飞，舞服与胡服同类，袖多紧瘦。

戴胡帽、穿胡服、佩蹀躞带的人物
（陕西西安出土三彩俑）

披戴帔肩的唐代舞姬
（陕西西安唐墓出土陶俑）

11.唐代军服　唐代的军服是"将帅用袍,军士用袄"。在将帅的袍上,要绣上狮虎的图案,以显示其勇猛威武。唐代的铠甲有13种之多,甲片的形式有细鳞、山文、锁子等,材质则包括金属、皮革和绢等。可以说从样式到工艺,唐代的军服都比前代有了很大的进步。

穿绢布甲的唐代武士(新疆吐鲁番阿斯塔那出土的彩绘木俑)

12.唐代官吏常服袍衫　唐代官吏主要服饰为圆领窄袖袍衫,其颜色曾有规定:凡三品以上官员一律用紫色;五品以上为绯色;六品、七品为绿色;八品、九品为青色。以后稍有变更。另在袍下施一道横襕(lán),也是当时男子服饰的一大特点。

初唐甲胄(甘肃敦煌莫高窟 194 窟彩塑)

妆式

    唐代女子面部化妆的顺序一般是：敷铅粉（打粉底）、抹胭脂（上腮红）、画黛眉（描眉）、涂额黄（贴花钿）、贴面靥、描斜红、涂唇脂（涂口红）。

✻ 唐代妇女化妆顺序图表

第一步	第二步	第三步	第四步
敷铅粉	抹胭脂	画黛眉	贴花钿

第五步	第六步	第七步	
贴面靥	描斜红	涂唇脂	

花钿

发式与佩饰

　　发髻，唐代女子的发髻名目众多，有半翻髻、惊鹄髻、双环望仙髻、抛家髻、倭堕髻、回鹘髻等。这些发髻最主要的特点就是崇尚高大，流行使用假发或假髻来梳妆。与此相适应，发髻上的装饰也愈加丰富，银钗、金玉珠翠花枝、鸾凤步摇等精致秀美、光彩炫目。

双环望仙髻　　　　三角髻　　　　双垂髻

保守拘谨——宋朝

宋太祖

　　宋代在政治上虽然开放民主，但由于"程朱理学"的思想禁锢，和对外政策的妥协退让，使服饰文化不再艳丽奢华，而是简洁质朴。宋代女装拘谨、保守，色彩淡雅恬静，襦衣、褙子的"遮掩"功能加强，一切的"张狂"霎时都收敛了许多。宋时不论权贵,还是一般的百姓,都爱穿着直领、对襟的褙子,因为既舒适得体,又显得典雅大方。

宋代的社会生活非常丰富,各种身份的人,从官宦、商贩、医生、农民、车夫、僧道,到士人、船工、艺人……在服饰上都有区别。有穿袍衫的,有披褙子的;有梳髻的;有裹巾子的;有较齐整的,也有较随意的。

穿长裤的劳动妇女(王居正《纺车图》局部)

服饰种类

通天冠服

宋代的通天冠服包括云龙纹深红色纱袍、白纱中单(衬衣)、方心曲领(一种上圆下方、套在颈上的锁形装饰,用来防止衣领雍起,起压贴的作用,有天圆地方的寓意)、深红色纱裙、金玉带、蔽膝(挂在前边的斧形饰片)、佩绶、白袜黑鞋、通天冠等。它是仅次于冕服的一种官服。

戴通天冠、穿绛纱袍、佩方心曲领的皇帝(南薰殿旧藏《历代帝王像》)

黑舄图(根据文献记载及南薰殿旧藏《历代帝王像》复原绘制)

袆衣

皇后在受册封、朝会等重大的礼仪场合穿袆衣。袆衣是上衣下裳连成一体的连体式服装,用以象征女子在感情上的专一。与之相配套的是华美的九龙四凤冠,其上有大小花枝各 12 枝,并在冠的左右各有两个叶状饰物,称为博鬓或掩鬓。

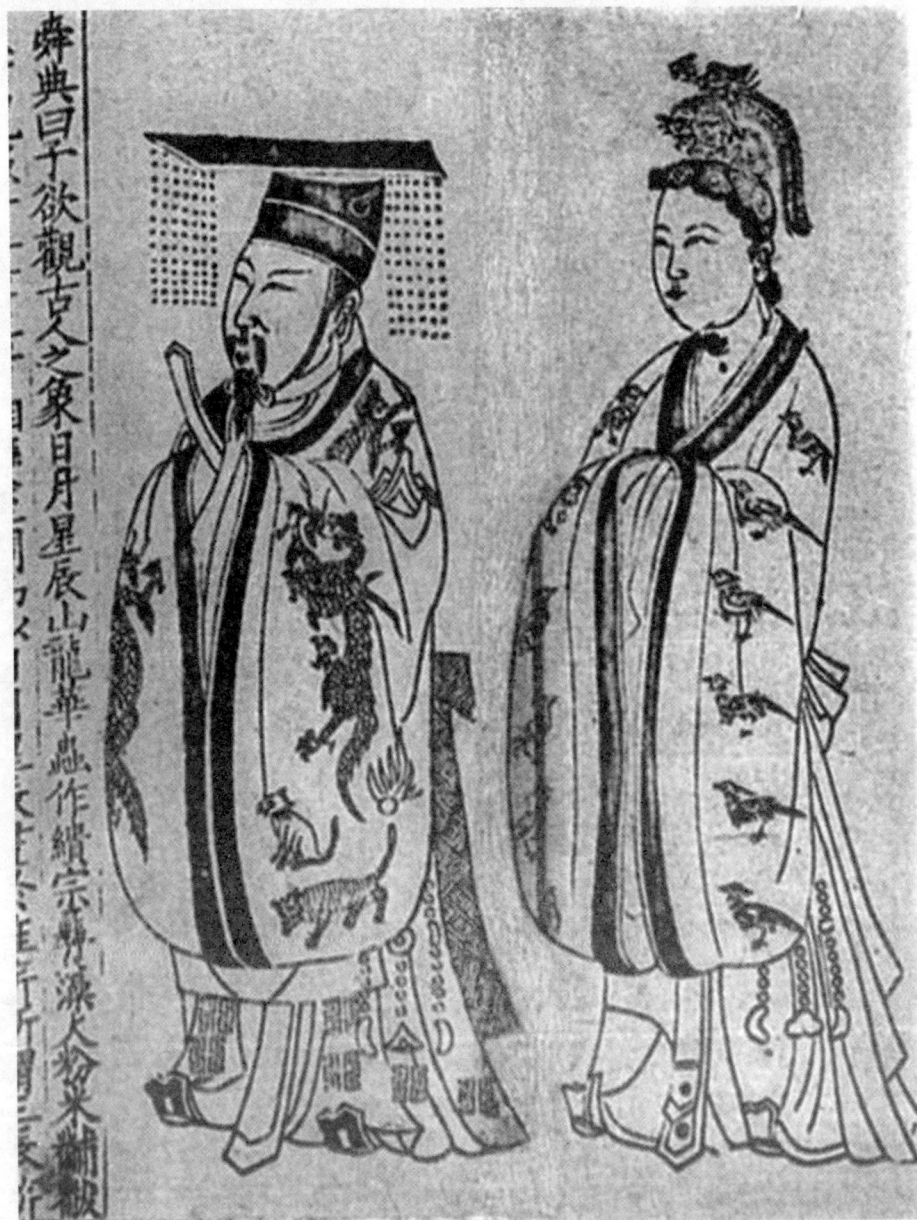

皇帝冕服图/皇后袆衣图(选自聂崇义《三礼图》)

戴龙凤珠翠冠、穿袆衣的皇后(南薰殿旧藏《历代帝王像》)

幞头

　　幞头在宋代非常流行,这时的幞头内衬木骨、外罩漆纱,平整美观。幞头脚的形式以直脚居多,即两脚平直向外伸展的造型。此外也有交脚幞头和朝天脚幞头。交脚是两脚翘起于帽后相互交叉的幞头;朝天脚是两脚在帽后两旁直接翘起而相交的幞头。

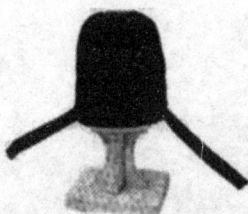

幞头

戴直脚幞头的官吏

戴束发冠、穿对襟衫的皇帝与戴幞头的官吏(赵佶《听琴图》局部)

戴软脚幞头、穿圆领袍衫的文吏(赵佶《听琴图》局部)

褙子

　　宋代的褙子是长袖、长衣身、腋不开衩,即衣服的前后片在腋下不缝合的服装样式。褙子模仿古代服装的形式,在腋下和背后缀有带子做装饰,这样做的目的是表示"不忘传统"。由于侍女经常穿着这种衣服侍立于主人的背后,因此得名"褙子"。

穿褙子的贵妇(宋人《瑶台步月图》)

穿褙子的杂剧女演员
(宋人《杂剧人物图》)

太原市晋祠圣母殿北宋彩塑侍女立像,梳盘髻,穿衫裙、褙子裙

宋代的裙子有六幅、八幅、十二幅的形式,共同的特征是折裥很多。裙子上的纹饰更是丰富多彩,有彩绘的,有染缬(xié)的,有做销金刺绣的,有缀珍珠的……裙子的色彩以郁金香根染的黄色最为高贵;也有红色裙,是歌舞伎穿的;而色彩艳丽的石榴裙最负盛名。

穿窄袖短襦的宫女(山西太原晋祠圣母殿彩塑)

穿襦裙、披帔帛的宫女(山西太原晋祠圣母殿彩塑)

襦裙

宋代因袭了唐代的襦裙,将其作为女子日常生活中的主要服饰。由于受少数民族服饰的影响,宋代襦裙的衣襟形式可左可右;在裙子中间的飘带上常挂有一个玉制的圆环饰物——"玉环绶"，用来压住裙幅，使裙子在人体运动时不至于随风飘舞而失优雅庄重之仪。

穿襦裙的农村妇女（宋人《孟母教子图》）

穿长袖襦的宋代妇女(重庆大足宋代石刻)

铠甲

　　宋代的铠甲包括兜鍪、甲衣、披膊、吊腿等几个部分,其基本形制是
继承了唐代铠甲的风格而略微有些变化。南宋以后,因为火药武器的发
展,铠甲逐渐被淘汰。

穿铠甲的武士（敦煌莫高窟 55 窟彩塑）

戴盔帽、穿铠甲的武士（宋人《三顾草庐图》局部）

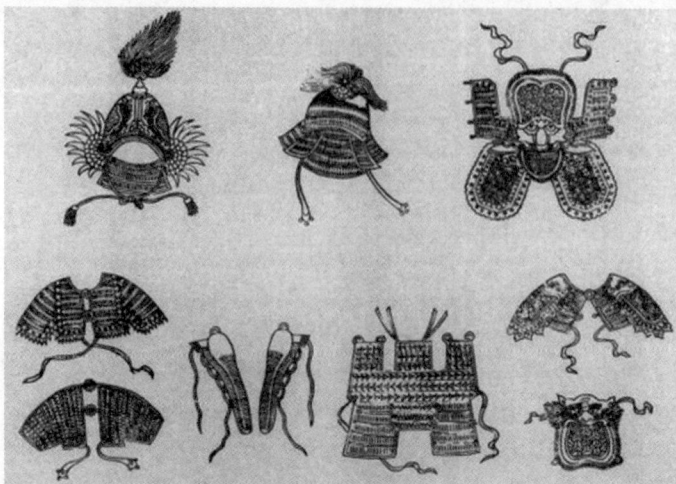

《武经总要》辑录的宋代甲胄图式（选自明刻本《武备志》）

冠饰

　　宋代的贵族女子冠饰,在沿袭前世高冠、花冠的基础之上,冠的形状愈加高大,装饰也愈加丰富。其中冠高有达1米的,冠宽与肩等齐。冠后常有四角下垂至肩,冠的上面装饰有金银珠翠、彩色花饰、玳瑁梳子等。戴这种高大的冠饰坐轿子时,必须侧着头才能进轿门。

戴凤冠、穿衫裙、挂璎珞的妇女
（山西永乐宫三清殿壁画）

（南薰殿旧藏《历代帝后图》局部）

发髻

宋代女子流行高发髻。髻的名目很多,有龙蕊髻、芭蕉髻、朝天髻、大盘髻等。少女一般梳双环髻,是将头发梳成中空的环形,垂于耳旁。人们在梳妆时常在头发中添加假发,或直接装假髻,髻的周围多环以绿翠、扎以彩缯(zēng)、间以玉钗或用丝网固定。

江西景德镇市郊宋墓出土瓷俑,
梳单鬟髻,插大梳,加珠翠为饰

太原市晋祠圣母殿北宋元祐二年
(公元 1087 年)彩塑侍女像

金莲鞋

金莲指的是女子缠足后的小脚。宋代是缠足之风逐渐发展、盛行的时期,金莲鞋的形式也逐渐丰富起来。

南宋后期,"一钩罗袜素蟾弓"表明妇女裹足渐成大势,但是缠足者主要局限于上层社会,能幸免于难的就只有那些劳苦的从事田间耕作的妇女!

服饰纹样

受写生花鸟绘画的影响,宋代的服饰纹样构图严整,造型写实,与唐代的风格已迥然不同。比较典型的有:组合型的八答晕;花卉题材的如意牡丹；动物题材的狮子、天马；几何纹的龟纹、方胜等。而以写生花卉为主，将一年四季的花卉组合在一起的花饰"一年景"，则对后世影响最为深远。

福州南宋黄升墓出土的"一年景"花卉绶带

民族特色——辽、西夏、金时期

辽、西夏、金分别为中国古代契丹、党项、女真族建立的政权,其服饰反映了在与汉族进行长期文化交流中,各自发扬民族传统的发展轨迹。党项族妇女多着翻领胡服,领间刺绣精美(由于史料很少,在此省略这部分内容)。契丹、女真族一般穿窄袖圆领齐膝外衣,足下着长筒靴,宜于马上作战射猎;妇女穿窄袖交领袍衫,长至足背,都是左衽,正与汉人相反。

五代十国后,辽、金和蒙古与两宋前后并存。1125 年金灭辽,1234年蒙古灭金,1260 年忽必烈即位成为蒙古大汗。辽以契丹族为主,金以女真族为主。它们分别生活在中国的北方和东北地区,生活习惯、衣冠服饰和汉族截然不同。它们的礼服制度既沿袭汉、唐、宋代特点,又具有本民族的特色。

辽在立国以前,位于辽河流域。辽太祖在北方称帝时,衣冠服制均未具备。直到灭后晋(946 年)以后,才在汉族冠服制度的基础上创立自己的冠服制度,并以辽制治契丹人,以汉制治汉人。然而皇帝、汉官均着汉服,太后及北族官吏则穿胡服,体制并不统一。

金为女真族,也称女真,隶属于辽 200 余年。1115 年,完颜阿骨打称帝,定国号为金,统治中国北部地区达 100 余年。金的服饰,初承汉代之仪,后得宋朝半壁江山,乃参酌宋制而略加变易。据《金史·熙宗本纪》记载,天眷二年(1139 年),百官朝会始穿朝服,翌年制定冠服之制,上自皇帝冕服、朝服,皇后冠服,下及臣僚朝服、常服等,一一定明。大定年间,又补充了公服之制及庶民服制。至此,金代服制基本具备。

辽金政权考虑到与汉族杂处共存的现实,都曾设"南官"制度,以汉制治境内汉人,对汉族官员采用唐宋官服旧制。辽代以丝绸官服上山水鸟兽刺绣纹样区分官品,对明清官服的等级标识产生了很大影响。金代以官服上花朵纹样大小定尊卑。契丹、女真男服因便于行动,也为汉人采用。

辽代

辽代的服装以长袍为主,且男女皆然,上下同制。一般为长袍左衽,圆领窄袖,袍上有纽襻。袍带系于胸前,下垂至膝。女子袍较男子的长,袍内着裙。男子穿裤,裤管放于靴筒之内,女子亦着长筒靴。

一般长袍的纹样较朴素,但是贵族长袍则比较精致,绣有龙凤、桃花、水鸟、蝴蝶等。龙凤本为汉族的传统纹样,出现在契丹服饰上,反映了两族文化的相互影响。

袍料大多为兽皮,如貂、羊、狐等,其中以银貂裘衣为最尊贵,多为辽贵族所用。

辽初,官员服分南北,南官以汉制治汉人,穿汉服;北官以契丹制治契丹人,穿契丹服,凡三品以上行大礼时一律用汉服。常服仍分两式,皇帝及南官臣僚穿汉服,皇后及北官臣僚穿契丹服。

辽代除皇帝和大臣可戴冠帽和裹巾外,契丹男子多髡(kūn)发,意即"剔发"。

契丹男子将头顶部分的头发全部剃光,只在两鬓或前额部分留下少量头发做装饰,有的在左右两耳

契丹男人的发式

前上侧留一撮垂发,与前额所留短发连成一片,有的将左右两边头发修剪成各种形状,然后下垂至肩。

妇女发式较为简单,一般梳高髻、双髻、螺髻或披发,额间以巾带扎

裹,结帕巾。

河北宣化张世卿墓壁画辽鞍马仆从,戴交脚幞头或局脚幞头

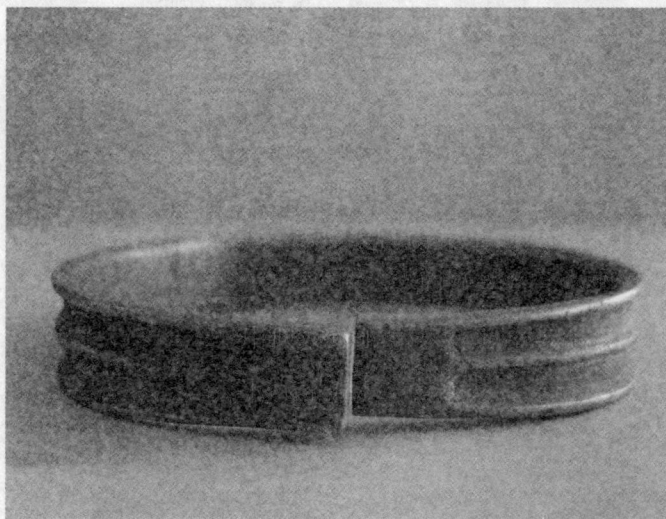

辽代镏金银镯

辽代龙首婴戏纹镏金手镯

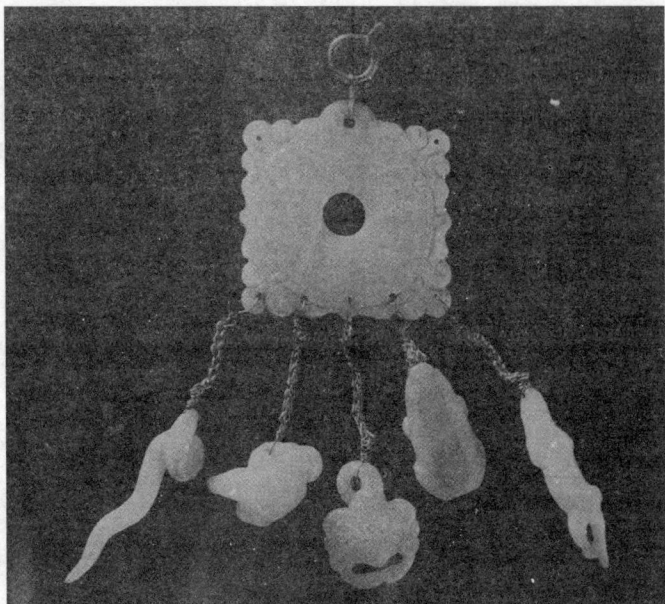

辽代陈国公主墓出土动物形玉佩

红罗地联珠骑士绣经袱(fú)

辽银镀金高翅冠(公主)
冠通高 30.4 厘米,冠高 26 厘米
造像高 4.4 厘米,立翅高 30 厘米
口径 19.5 厘米,重 830 克
内蒙古自治区哲里木盟奈曼旗青
龙山镇辽陈国公主墓出土
内蒙古博物馆藏

此冠出土时置于陈国公主头部。分片锤揲,依冠帽各部位形状裁剪成型,纹饰镏金,用细银丝缀合而成。冠的正面镂刻火焰宝珠和对凤,周围錾刻变形云纹。两侧立翅中心各錾刻凤鸟,长尾下垂,周围饰以变形云纹。冠顶缀饰一件镏金道教人物银造像,像后背光边缘饰 9 棵灵芝,显示民族文化间的交流与融合。冠内原有丝绸衬帽。此冠制作精巧,工艺华丽,彰显贵族气派,是契丹贵妇之冠。

金代

据文献记载,金代服饰与辽代颇有相似之处。百官常服,用盘领、窄袖。在胸膺间或肩袖之处饰以金绣花纹,以春水秋山等景物做纹饰。金代服饰基本保留了女真族服饰的特点。金代男子的服饰和辽代颇有相似之处。男子常服通常由四部分组成,即头裹皂罗巾,身穿盘领衣,脚着乌皮靴。女子上着团花衫,直领、左衽;下穿黑色或紫色裙,裙上绣金枝花纹。也有穿褙子的,多为对襟领;箭襟长至地,上绣金线、银线或红线的百花。女真族人较喜欢在胸、背的位置结合季节特征绣上各种纹样。

金代张瑀《文姬归汉图》虽然描写汉末故事，却画的全是金代的服装。图中番人，除戴貂帽外，都是髡发的，头发编辫，穿尖头长靿靴

山西沁源正中村金墓壁画，
戴毡笠，穿盘领袍、尖头靴

金代服饰

上图为戴皮帽、穿胡服的骑士（宋人《骑士猎归图》），图中骑士头戴翻毛皮帽，身穿窄袖胡服，领、袖等处还露出一寸长短的皮毛，即后世所谓的"出风"。另在腰间佩有箭囊，下穿套裤革靴，与史籍记载的女真服饰大体相同。

　　下图为左衽窄袖袍、长裙穿戴展示图。金代的装饰图案喜用禽兽，尤喜用鹿。在松花江下游奥里米金墓出土的玉透雕牌上，就雕有一对赤鹿，一只公鹿长角弓背，傲然挺立；一只母鹿回眸凝望，温文娴雅。左右两边各有一棵小树，表示鹿在林中栖息，具有游牧民族的装饰特点。兰州中山林金墓出土的雕砖上，也雕刻着大量的鹿纹。至于在山西稷山马村、化峪镇等地金墓发现的这种图案更多,鹿的形象也各不相同,或漫步缓行,或奔腾飞驰,富有浓厚的生活气息。这种装饰特点,在衣冠服饰上也得到大量的反映,《金史·舆服志》中就有女真族服饰"以熊鹿山林为文"的记载。鹿的图案大量被采用,除其本身的外形较为优美,便于用作装饰外,还有一个原因,即鹿与汉字的"禄"同音,富有吉祥的含义。上图裙子所绘图案,即饰有鹿纹。明清时期,鹿的图案虽然没有被收进官员补服,但在民间仍属常用,比较多见的是将它与"福"字和"寿"字配合在一起,名谓"福、禄、寿"。

金代服饰的一个重要特点是多用环境色,即穿着与周围环境相同颜色的服装。这是游牧民族狩猎为生的条件决定的。金人服装颜色冬季喜用白色,这与北方寒天冰雪的气候有密切联系。春天则在上衣上绣以"鹘捕鹅""杂花卉"及"熊鹿山林"等动物纹样,同样有麻痹猎物、保护自己的作用。

下图为圆领窄袖袍展示图。

　　左图为金代武士的铠甲和戎服复原图。金代早期的铠甲只有上半身，下面是护膝；中期前后，铠甲很快完备起来，铠甲都有长而宽大的腿裙，其防护面积已与宋朝的相差无几，形式上也受北宋的影响。金代戎服袍为盘领、窄袖，衣长至脚面。

留辫束发——元朝

元立国初,冠服车舆,皆从旧俗。
据《元史·舆服志》记载可知,世祖统
一天下,"近取金、宋,远法汉、唐",但
尚未有完整的冠服制度。至英宗时,
始定服制,上至天子冕服,下至百官
祭服、朝服以及士庶服色,皆有一定
的章法。蒙古族本是游牧民族,衣冠
服饰比较简朴。但元入主中原之后,

忽必烈

在生活习俗上受到汉族较大影响,服饰日趋华丽。

元代于延祐元年(1314)参酌古今蒙汉服制,对上下官民服色等做了
统一规定。汉官服式仍多为唐式圆领衣和幞头;蒙古族官员则穿合领
衣,戴四方瓦楞帽;中下层为便于马上驰骋,最时兴腰间多褶的辫线袄
子,戴笠子帽。

服饰种类

元代男服辫线袄

下图为辫线袄、四方瓦楞综帽、皮靴展示图。蒙古族男子,戴一种用藤篾做的"瓦楞帽",有方圆两种样式,顶中装饰珠宝。辫线袄的样式,为圆领、紧袖、下摆宽大、折有密裥,另在腰部缝以辫线制成的宽阔围腰,有的还钉有纽扣,俗称"辫线袄子",或称"腰线袄子"。辫线袄产生于金代,至于大规模使用则在元代,最初可能是身份低卑的侍从和仪卫的服饰,后来穿辫线袄已不限于仪卫,尤其是在元朝后期。一般"番邦"侍臣官吏形象,大多穿此服。这种服饰一直沿袭到明代,不仅没有随着大规模的服制变易而被淘汰,反而成了上层官吏的装束,连皇帝、大臣都穿着。

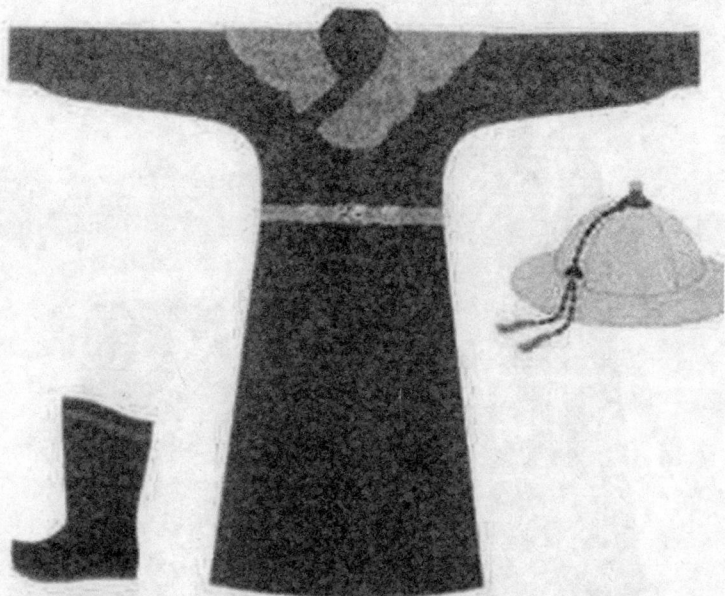

元代贵族便服

元代贵族袭汉族制度,在服装上广织龙纹。据《元史·舆服志》记载,皇帝祭祀用衮服、蔽膝、玉簪、革带、绶环等均饰有各种龙纹,仅一件衮就有八条龙,领袖衣边的小龙还不计。龙的图案是汉族人民创造的,它代表着华夏民族的文化。晚唐五代以后,北方少数民族相继建立政权,都无例外地沿用了这一图案。到了元代更加突出,除服饰大量用龙之外,在其他生活器具中也广泛使用。

元代襦裙半臂

元代服装,以长袍为主。样式较辽代的稍大。男子的公服多从汉族习俗,"制以罗,大袖,盘领,右衽"。其职位级别,在服装的颜色及纹样上表示。公服之冠,皆用幞头,制以漆纱,展其双脚。平日燕服,多穿窄袖袍。地位低下的侍从仆役,常在常服之外,罩一件短袖衫子,妇女也有这种习俗(称为襦裙半臂)。袍服的形制,除辽金通用者外,还有一种样式,为圆领,紧袖,下摆宽大,折有密裥。下图为襦裙、半臂穿戴展示图。

襦裙半臂

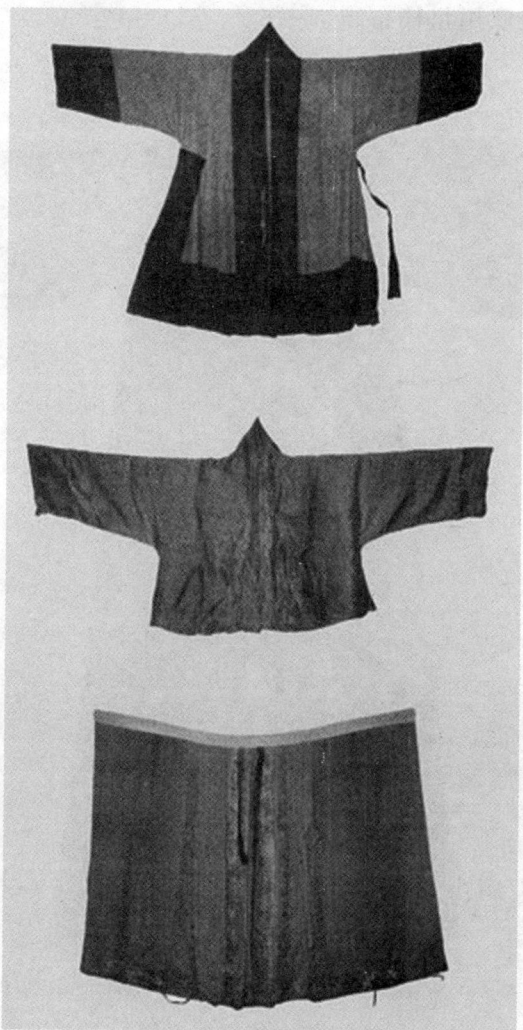

上图为对襟绸上衣;中图为对襟绸短襦;下为绸夹裙(出土实物)

元代汉族妇女服饰

　　上图中服饰是从无锡市郊一座元墓中取出的,其中包括镶有阔边的对襟上衣及无边缘的短襦,对襟、下摆开衩、领襟镶有紫酱色绸边的背心,其中还有两侧打折裥的裙。元代汉族妇女的鞋子有两种样式,一是以回纹丝绸制成;另一种以素绸制作,鞋头尖耸,鞋面缀一丝线编成的花结,中纳丝棉,鞋底用粗棉布制。

元代织金锦袍

交领织金锦袍展示图

元代服装大量用金,超过以往历代。织物加金,早在秦代以前就已出现。至于在汉族服饰上得到运用,时间大约在东汉或东汉以后,而且主要在宫廷中使用。直到魏晋南北朝以后,服饰织金的风气才在全国范围内普及。宋代贵族服饰用金,在技术上已发展到了18种之多。辽、金统治地区织金技术也有很大进步,尤以回鹘族地区最为流行,所织衣料最为精美。元代继辽、金之后,在织物上用金更胜于前代。

织金锦半袖展示图

冠饰

图为戴宽檐钹笠,脑后垂辫环,穿窄袖长袍、比肩、靴的贵族男子及戴顾姑冠,穿红鱼窄袖、宽袍的贵族妇女(甘肃元代壁画)。

　　一般身份较高的妇女,都戴顾姑冠。身上所穿的服装都是衣身宽大,袖身肥阔,但袖口收窄,其长至地,走路时要有两个女奴扶拽,常用织锦、丝绒或毛织品制作,喜欢用红、黄、绿、茶、胭脂红、鸡冠紫、泥金等色。这种宽大的袍式,汉人称为"大衣"或"团衫"。男服除窄袖袍服之外,还有一种名为"比肩"或称"搭护"的一种皮衣,交领,有表有里,较马褂长一些,类似半袖衫的服装,常穿在袍服外面。

重拾汉唐服制——明朝

元末国力衰退,朝廷加紧盘剥,导致农民起义的爆发。1368年,朱元璋建立了明朝。明朝是中国历史上社会内部结构发生缓慢而又重大变化的朝代。资本主义生产关系的萌芽也在这时出现。

明朝建国后,明太祖朱元璋为了在政治上进一步加强中央集权制和恢复生产,采取了一系列的改革措施,使农业生产得到恢复,手工业逐渐发展起来。明朝中期冶铁、制瓷、纺织等工业也都超过了前代水平,这为服装的发展奠定了经济基础和物质基础。

明代以汉族传统服装为主体,清代则以满族服装为大流。而两朝上下层社会的服饰均有明显等级。上层社会的官服是权力的象征,历来受到统治阶级的重视。自唐宋以来,龙袍和黄色就为王室所专用。百官公服自南北朝以来以紫色为贵。明朝因皇帝姓朱,遂以朱为正色,又因《论语》有"恶紫之夺朱也",紫色自官服中废除不用。

明太祖

明朝官服最有特色的是用"补子"表示品级。补子是一块约40厘米~50厘米见方的绸料,织绣上不同纹样,再缝缀到官服上,胸背各一。文官的补子用鸟,武官用走兽,各分九等。平常穿的圆领袍衫则凭衣服长短和袖子大小区分身份,长大者为尊。

明代官员的主要首服沿袭宋元幞头而稍有不同。皇帝戴乌纱折上巾,帽翅自后部向上竖起。官员朝服戴展翅漆纱幞头,常服戴乌纱帽。

受到诰封的官员妻、母,也有以纹、饰区别等级的红色大袖礼服和各式霞帔。此外,上层妇女中已善用高跟鞋。明代普通百姓的服装或长、或短、或衫、或裙,基本上承袭了旧传统,且品种十分丰富。服饰用色方面,平民妻女只能用紫、绿、桃红等色,以免与官服正色相混;劳动大众只许用褐色。一般人的帽,除唐宋以来旧样依然流行外,朱元璋又亲自制订两种,颁行全国,士庶通用。一种是方桶状黑漆纱帽,称四方平定巾;一种是由六片合成的半球形小帽,称六合一统帽,取意四海升平、天下归一。后者留传下来,俗称瓜皮帽,用黑色绒、缎等制成。

戴乌纱折上巾,穿盘领、窄袖、绣花袍的皇帝(南薰殿旧藏《历代帝王像》)

皇帝常服

　　常服又称翼善冠,戴乌纱折上巾,样式为盘领、窄袖,前后及两肩绣有金盘龙纹样,着玉带皮靴。此服用途较多。明代皇帝的常服是黄色的绫罗,上绣龙、翟纹及十二章纹。龙的图案从上古发展到明代,经历了无数次的变化。总的看来,先秦的龙纹,形象比较质朴粗犷,大部分没有肢爪,近似爬虫类动物。秦汉时期的龙纹,多呈兽形,肢爪齐全,但无鳞甲,常绘成行走状,给人以虚无缥缈的感觉。明代的龙,形象更加完善,它集中了各种动物的局部特征,头如牛头、身如蛇身、角如鹿角、眼如虾眼、鼻如狮鼻、嘴如驴嘴、耳如猫耳、爪如鹰爪、尾如鱼尾等等。在图案的构造和组织上也很有特色,除传统的行龙、云龙之外,还有团龙、正龙、坐龙、升龙、降龙等名目。上页图服装上所绣的团龙中,就有升龙、降龙两种。

金翼善冠

　　此冠通高 24 厘米,后山高 22 厘米,冠口径 20.5 厘米,重 826 克

　　明十三陵定陵地宫出土,昌平区明定陵博物馆藏

　　金冠是皇帝的常服冠戴。翼善冠出土时放置在万历帝棺内头部北侧一个圆形木盒内。其形制由前屋、后山和金折角三部分组成。前屋部分是用极细的金丝编成"灯笼空儿"花纹,空档均匀,疏密一致,无接头,无断丝;后山部分是采用累丝錾金工艺而成的二龙戏珠图案。龙的造型雄猛威严,具有强烈的艺术装饰效果。翼善冠用极其纤细的金丝编结,采用传统的掐丝、累丝、码丝、焊接等方法,工艺技巧登峰造极,充分反映了明代金细工艺的高超水平。

皇后服饰

　　皇后在受册、朝会时所穿的礼服,由凤冠、霞帔、翟衣、褶子和大袖衫组成。凤冠上饰有龙凤和珠宝流苏,配玉革带,青色加金饰的袜、舄(xì)。皇后的常服是穿金绣龙纹的红色大袖衫、霞帔、红色长裙、红褶子,配凤冠。

穿耳、戴耳环的明代皇后（南
薰殿旧藏《历代帝后像》）

凤冠

　　明代凤冠以金、银、铜等金属丝网为胎，衬以罗纱，并挂有珠宝流苏，
它有两种基本形式：一种是后妃所戴的礼冠，上缀点翠凤凰、龙等装饰，
龙凤嘴中常衔着珠花，下垂至肩；另一种是普通命妇所戴的彩冠，上面不
缀龙凤，仅缀珠翟、花钗等，但习惯上也称它为凤冠。

凤冠（湖北蕲春蕲州明刘娘井墓出土）

龙凤珠翠冠（北京定陵出土实物）

霞帔

　　霞帔是一种帔子，因为被人们比喻成美丽的彩霞，所以有了"霞帔"之称。它的形状像两条彩练，绕过头颈，披挂在胸前，下垂一颗金玉坠子。霞帔的纹样随品级的差别而有不同的装饰：一品、二品命妇霞帔，用蹙金绣云霞翟鸟纹。三品、四品霞帔，绣云霞孔雀纹。五品霞帔，绣云霞鸳鸯纹等。

戴凤冠、穿霞帔的明朝皇后（南薰殿旧藏《历代帝后像》）

明《中东宫冠服》所绘大衫凤纹霞帔正面/背面

官吏常服

官员平日里在本署衙门办理公务,穿常服。常服的规制是:头戴乌纱帽,身穿团领衫,腰间束带。洪武二十三年(1390),指定文武官员常服的长度:文官,白领至裔,离地一寸,袖长过手,复回至肘,公、侯、驸马与文官同。武官离地五寸,袖长过手七寸。洪武二十四年(1391),再制定品官补子纹样,又规定品官常服的衣料,只能用杂色纻丝、绫罗、彩绣。官吏衣服及帐幔,不许用玄、黄、紫三色,也不许织绣龙凤纹样,如有违犯禁令者,罪及染织工人。

这种袍服是明代男子的主要服式。不仅官宦可用,士庶也可穿着,只是颜色有所区别。

明朝建国 25 年以后,朝廷对官吏常服做了新的规定,凡文武官员,不论级别,都必须在袍服的胸前和后背缀一方补子,文官用飞禽,武官用走兽,以示区别。这是明代官服中最有特色的装束。

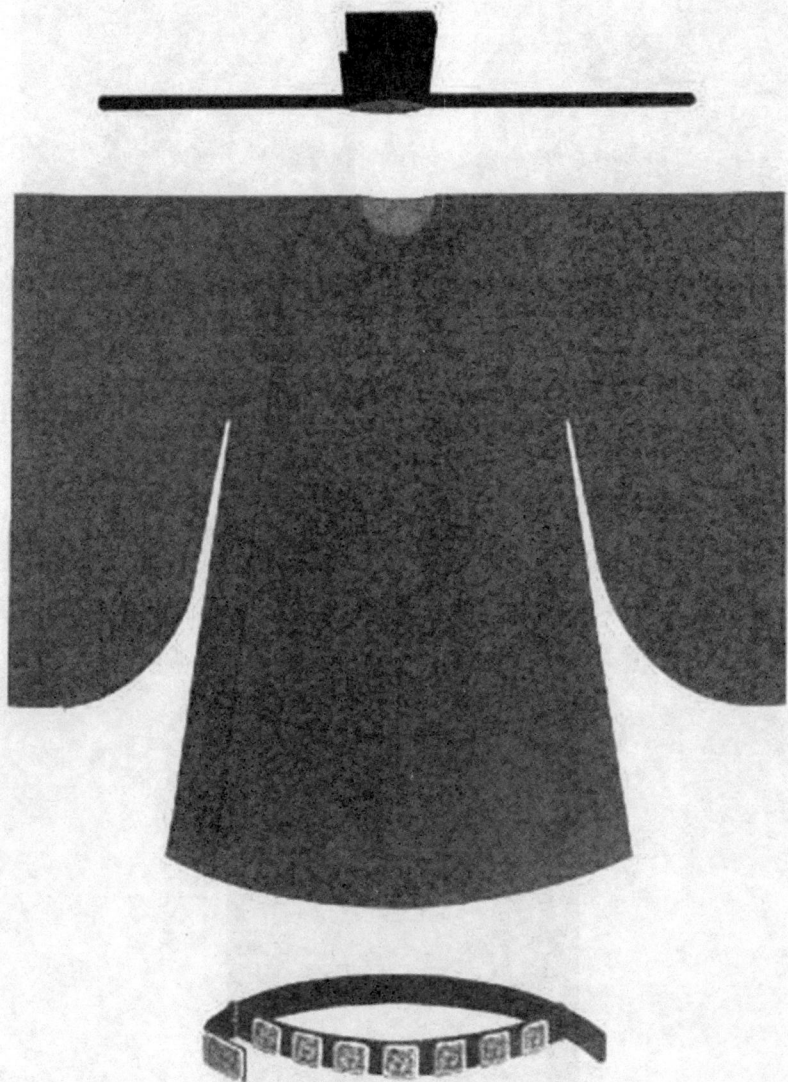

明代文武官员一律穿盘领右衽、袖宽三尺的袍衫,在重要礼仪场合,不论职位高低,都戴梁冠,穿赤罗衣裳,以冠上梁数及所佩绶带分别等级。官服的颜色、质地、式样、花纹图案以及尺寸因级别而异,都有明确的规定。

戴乌纱幞头、穿织金蟒袍的官吏
（明人《李贞写真像》）

戴貂蝉笼巾、佩方心曲领、穿朝服的官吏
（明人《范仲淹写真像》）

戴展脚幞头、穿织金蟒袍、系白玉腰带的官吏（明人《王鏊写真像》）

士人服装

明代的读书人一般都穿蓝色或黑色袍子,四周镶有宽边,也有穿浅色衫子的,衣长一般到脚面,袖子比较宽肥,袖长也一律过手。通常会与儒巾和四方平定巾相配,风格清静儒雅。

戴儒巾、穿大袖衫的士人(明人肖像画)

服饰种类

明代洒线绣龙袍

明万历有对襟、窄袖、藏式洒线绣龙袍(出土实物),袍料立水部分已剪短。

明代晚期金地缂丝孔雀羽龙袍

周身绣满龙的纹样。从服装的样式来看,样式为斜领袍,为皇帝的便服。

明代官吏麒麟袍

明代文武官员服饰主要有朝服、祭服、公服、常服等。麒麟袍为官吏的朝服。其服装特点是大襟、斜领、袖子宽松。所绣纹样,除胸前、后背两组之外,还分布在肩袖的上端及腰下(一横条)。另在左右肋下,各缝一条本色制成的宽边，当时称"摆"。明代刘若愚《酌中志》一书，就专门叙述到这种服饰。书中说："其制后襟不断，而两旁有摆，前襟两截，而下有马面褶，从两旁起。"这种服装所采用的质料和纹样，按规定，都有一定制度。《明史·舆服志》称：正德十三年，"赐群臣大红贮丝罗纱各一。其服色，一品斗牛，二品飞鱼，三品蟒，四、五品麒麟，六、七品虎、彪；翰林科道不限品级皆与焉；惟部曹五品下不与。"上图所绘的服装就绣有麒麟纹样。麒麟是古代传说中的一种动物，形状像鹿，全身有鳞甲，牛尾马蹄，有一只肉角。后人将它作为吉祥的象征并广泛用于装饰各类器物。麒麟的形象也经过一番变化，头被绘成龙首并有两角，尾被绘成狮尾，等等。明代官服绣麒麟，似不限四五品，职位特殊的锦衣卫、指挥侍卫等也能穿用。

明代男子大襟袍

明代官吏常服五蝠捧寿纹大襟袍展示图及戴四方平定巾、穿大襟袍的男子

明代男子的便服，多用袍衫，其制为大襟、右衽、宽袖，下长过膝。贵族男子的便服面料以绸缎为主，上绘有纹样，也有用织锦缎制作的。袍衫上的纹样，多寓有吉祥之意，比较常见的团云和蝙蝠中间，嵌一团形

"寿"字,意为"五蝠捧寿"。这种形式的图案在明末清初特别流行,不仅在服装上使用,在其他的器皿及建筑装饰上也有大量反映。另一种为宝相花,是一种抽象的装饰图案,通常以莲花、忍冬或牡丹花为基本形象,经变形、夸张,并穿插一些枝叶和花苞,组成一种既工整端庄,又活泼奔放的装饰图案。这种服饰纹样在当时深受欢迎。从唐代开始,宝相花大量进入服饰,成为广大人民喜爱的艺术图案。到了明代,宝相花还一度成为帝王后妃的专用图案,与蟒龙图案一样,禁止民间使用。但很快禁律被解除,使之可以运用于各种服装上。上页图即为前一种便服,服装面料为蓝色绸缎,用金色、银色及浅蓝色盘绣寿字花纹。

盘领衣

　　盘领衣是继承唐宋以来的圆领袍衫发展而来的。明代官员服装大多为高圆领、缺胯的样式,官服的衣袖多宽袖或大袖,有的在衣裙两侧有插摆;平民的衣服无插摆,袖为窄袖,但60岁以上老者可以穿大袖,袖长也可适当加长至出手挽回时至离肘10厘米处。

穿公服的官吏(明人《江舜夫像》)

戴乌纱帽、穿盘领补服的明朝官吏
(明人《沈度写真像》)

程子衣

这种形式与元代以来的辫线袄近似,明朝起初称为"曳撒",是君臣外出乘马时所穿的袍式,后来明代士大夫日常也穿这种形式的服装,称其为"程子衣"。它的特点是大襟、右衽、斜领、袖子宽松,前襟的腰部有接缝,下面打满褶裥。

补子

明代官服上最有特色的装饰就是补子。所谓补子,就是在官服的胸前和后背补上一块表示职别和官阶的标志性图案。补子一般长34厘米,宽36.5厘米,上面织有禽、兽两种图案:文官一品用仙鹤,二品用锦鸡,三品用孔雀,四品用云雁,五品用白鹇,六品用鹭鸶,七品用鸂鶒,八品用黄鹂,九品用鹌鹑,杂职用练鹊;武官一品二品用狮子,三品四品用虎豹,五品用熊罴,六品七品用彪,八品用犀牛,九品用海马。

现据《明史·舆服志》及《明会要》卷二十四《舆服下》的记载,将明代百官衣冠服饰整理制成简表如下:

品级	朝冠	带	绶	笏	公服颜色	补子绣纹	
						文官	武官
一品	七梁	玉	云凤,四色	象牙	绯袍	仙鹤	狮子
二品	六梁	犀	同一品	象牙	绯袍	锦鸡	狮子
三品	五梁	金花	云钑鹤	象牙	绯袍	孔雀	虎豹
四品	四梁	素花	同三品	象牙	绯袍	云雁	虎豹
五品	三梁	银钑花	盘雕	象牙	青袍	白鹇	熊罴

六品	二梁	素银	练鹊,三色	槐木	青袍	鹭鸶	彪
七品	二梁	素银	同六品	槐木	青袍	鸂鶒	彪
八品	一梁	乌角	鸂鶒,二色	槐木	绿袍	黄鹂	犀牛
九品	一梁	乌角	同八品	槐木	绿袍	鹌鹑	海马
未入流					与八品以下同	练鹊	

注:表中所谓未入流,是指那些不能列入九品以内的官员,诸如典史、驿丞之类。

文官

文一品 仙鹤补　文二品 锦鸡补　文三品 孔雀补　文四品 云雁补

文五品 白鹇补　文六品 鹭鸶补　文七品 鸂鶒补　文八品 黄鹂补　文九品 鹌鹑补

武官

武一品 狮子补　武二品 狮子补　武三品 虎补　武四品 豹补

武五品 熊补　　　　武六品 彪补　　　　武七品 彪补　　　　武八品 犀牛补　　　武九品 海马补

明代褙子

　　明代妇女的服装，主要有衫、袄、霞帔、褙子、比甲及裙子等。衣服的基本样式，大多仿自唐宋，一般都为右衽，恢复了汉族的习俗。其中霞帔、褙子、比甲为对襟，左右两侧开衩。成年妇女的服饰，随个人的家境及身份的变化，有各种不同形制，普通妇女服饰比较朴实，主要有襦裙、褙子、袄衫、云肩及袍服等。明代褙子，有宽袖褙子，有窄袖褙子。宽袖褙子，只在衣襟上以花边做装饰，并且领子一直通到下摆。窄袖褙子，则袖口及领子都有花边装饰，领子花边仅到胸部。

　　明代的褙子多为合领或直领对襟的，衣长与裙齐，左右腋下开褛，衣襟敞开，两边不用纽扣，有时以绳带系连，是女子的日常服装。一般情况下，贵族女子穿合领对襟大袖的款式，而平民女子则穿直领对襟小袖的款式。

　　穿宽袖褙子的贵妇　　穿窄袖褙子的贵妇及侍女(唐寅《簪花仕女图》)

比甲的前身是隋唐时期的半臂,到了明代它演变成一种无领无袖的对襟式半长上衣,并成为青年女子日常穿着的外衣。后来到了清代又缩短衣身,称为坎肩、背心、马甲。

穿比甲的妇女《燕寝怡情》图册

水田衣

明代水田衣是一般妇女服饰,是一种以各色零碎锦料拼合缝制成的服装,形似僧人所穿的袈裟,因整件服装织料色彩互相交错形如水田而得名。它具有其他服饰所无法具备的特殊效果,简单而别致,所以在明清妇女中,它赢得普遍喜爱。据说在唐代就有人用这种方法拼制衣服,王维诗中就有"裁衣学水田"的描述。水田衣的制作,在开始时还比较注意匀称,各种锦缎料都事先裁成长方形,然后再有规律地编排缝制成衣。到了后来就不再那样拘泥,织锦料子大小不一,参差不齐,形状也各不相同,与戏台上的"百衲衣"(又称富贵衣)十分相似。

水田衣

裙子

　　明代女子穿裙子比较普遍。裙子的颜色,开始流行浅淡的色彩,以素色居多,虽然上面有纹饰,但并不明显,即使施绣,也只是在裙摆处绣以花边,作为压脚。裙幅开始采用六幅,这也是遵循古训"裙拖六幅湘江水"。后来裙幅采用八幅,腰间细褶数十,行动辄如水纹。裙上的纹样,也更讲究。据说有种浅色画裙,名叫"月华裙",裙幅共有十幅,腰间每褶各用一色,轻描淡绘,色彩非常淡雅,风动色如月华,因此得名。此外,有的裙子用绸缎裁剪成大小规则的条子,每条绣以花鸟图纹,另在两畔镶以金线,称"凤尾裙"。更有以整缎做成"百褶裙"的。

凤尾裙

穿襦裙及腰裙的侍女
（费晓楼《仕女精品》）

穿襦裙的乐女（传世绘画《汉宫秋》局部）

明光铠

　　明光铠是中国古代著名的铠甲,它最大的特点就是在前胸和后背的左右各佩有一块圆形护镜,这种护镜在阳光下能闪烁反光,具有明亮的视觉效果,因而有了"明光铠"的得名。除护镜以外,明光铠在肩上还装有兽头形状的护膊,它既具有保护作用,又能显示出将士勇猛威武的气势。

甲胄穿戴展示图（根据出土陶俑复原绘制）

四方平定巾

　　四方平定巾是以黑色纱罗制成的便帽,因其造型四角都呈方形,所以也叫"四角方巾",明代以此来寓意"政治安定"。这种巾帽多为官员和读书人所戴,平民百姓戴的比较少,服装一般是配染色蓝领衣。

戴儒巾或四方平定巾、穿衫子的士人

(《娄东十老图》局部)

戴儒巾、穿衫子的士人

乌纱帽

　　乌纱帽是用乌纱制成的圆顶官帽。它的式样和晚唐五代的幞头基本相同,以漆纱做成,两边展角,角长40厘米左右。皇帝日常所戴的乌纱折上巾,其样式与乌纱帽基本相同,只是将左右二角向上折,竖于纱帽之后而已。

乌纱帽（上海肇嘉浜路潘允微墓出土实物）

服饰纹样

人们常将几种不同形状的图案配合在一起，或取其寓意，或取其谐音，以此寄托美好的愿望，或抒发自己的感情。这些富有浓厚民族色彩的传统图案被称为"吉祥图案"，在明代的织物上体现得非常充分：如"福从天来""金玉满堂""连年有余""八吉祥"等等。尽管这些图案的形状各不相同，结构也比较复杂，但在一幅画面上，被组织得相当和谐，常在主体纹样中穿插一些云纹、枝叶或飘带，给人以轻松活泼的感觉。

明缂丝葫芦纹藏袍（童服）（葫芦纹是明朝年节所穿的服饰纹样，
取"福禄吉庆"之意，俗称"大吉葫芦"）

北京定陵出土明万历皇帝织金妆花纱柿蒂形过肩龙阑
（复制件，北京定陵博物馆藏）

弓鞋

　　明代女子不仅尚袭了前代缠足的风俗，而且使之大胜。缠足后所穿的鞋叫做"弓鞋"，这是一种以香樟木制成的高底鞋。木底露在外边的叫"外高底"，有"杏叶""莲子""荷花"等名称；木底藏在里边的一般叫"里高底"，又称"道士冠"。老年妇女大多穿平底鞋，称为"底而香"。

穿弓鞋的妇女（山西宾宁寺明《水陆画》局部）

高底弓鞋

翘头小脚银鞋

女子发饰

　　明代女子将头髻梳成扁圆形状,并在发髻的顶部,饰以宝石制成的花朵,时称"挑心髻"。后来又将发髻梳高,以金银丝挽结,顶上也有珠翠装点。渐渐地发髻名目越来越多,样式也从扁圆趋于长圆,有"桃尖项髻""鹅胆心髻"等名称,还有模仿汉代"堕马髻"的。除此之外,明代妇女也常用假髻作装饰。这种假髻一般比原来的发髻要高出一半,戴时罩在真髻上,以簪绾住头发。明末,这类发饰的样式更加丰富,有"懒梳头""双飞燕""到枕松"等各种不同样式,甚至还有成品出售。

簪珠翠发饰的贵妇及挂玉佩的侍女
(陈洪绶《夔龙补衮图》)

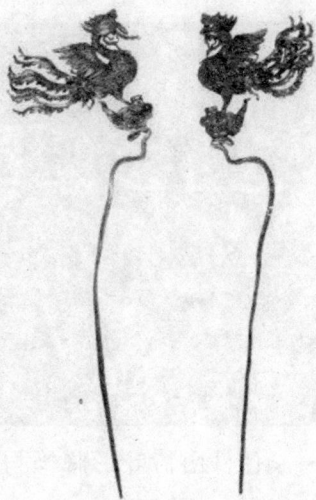

金凤簪(湖北蕲春蕲州明
刘娘井墓出土)

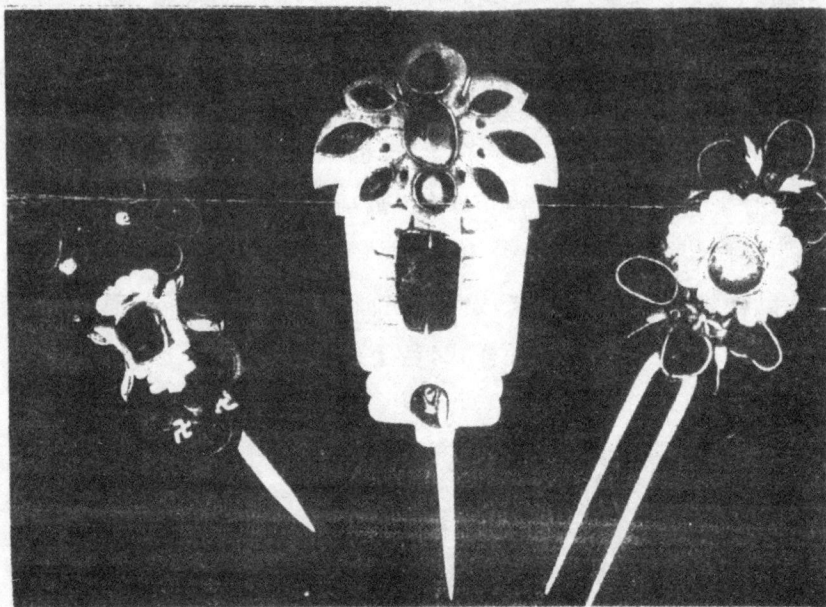

北京定陵出土镶宝金钗

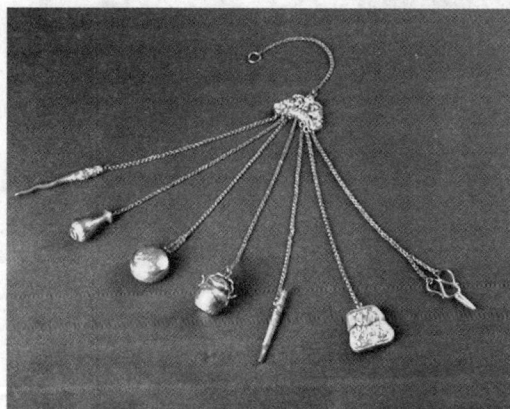

錾花金什件

明(1368 年－1644 年)

通长 52 厘米,上宽 5.6 厘米,重 272 克

(丰台区右安门外东庄万贵墓出土首都博物馆藏)

　　什件由荷叶形牌饰与下缀七物组成,牌饰上部为相对的二只鸳鸯立于荷叶上,荷叶下有七环,连缀七条金链,每链下各缀一物,均是文人常用之物:剪、袋、剑、罐、盒、瓶、觿(xī)。每件小缀物都极精巧,尤其是罐、瓶、袋、盒通体錾刻精美纹饰,极富装饰性。

庞杂繁缛——清朝

1616 年,女真族努尔哈赤统一各部,建立后金政权。1636 年,皇太极登皇帝位,改国号大清。顺治元年(1644)清世祖入关,定都北京,逐步统一全国。18 世纪后期,中国成为亚洲东部最强大的封建国家。自鸦片战争以后,随着各资本主义列强的入侵,中国沦为半殖民地半封建社会,直到资产阶级领导的辛亥革命推翻满清王朝,结束了中国长达两千多年的封建专制制度。

满族原属女真族,入关之前,有他们自己的生活方式和服饰文化,与明朝的文化及服饰截然不同。顺治元年清兵入关,随着政治、经济、军事的进一步巩固,剃发令和改冠易服随之而来。

清朝初期推行剃发易服,按满族习俗统一男子服饰。顺治九年(1652),《钦定服色肩舆示条例》颁行,从此废除了浓厚汉民族色彩的冠冕衣裳。明代男子一律蓄发挽髻,着宽松衣,浅面鞋;清时则剃发留辫,辫垂脑后,穿瘦削的马蹄袖箭衣、紧袜、深统靴。但官民服饰依律泾渭分明。清朝是以满族统治者为主的政权机构,满族八旗服饰随朝代的变更冲进关内。清初统治者把是否接受满族服饰看成是否接受其统治的标志。清代服制改变,从公服开始逐渐推向常服。

服饰种类

清代皇帝龙袍

清代皇帝服饰有朝服、吉服、常服、行服等。皇帝的龙袍属于吉服范

畴，比朝服、衮服等礼服略次一等，平时较多穿着。穿龙袍时，必须戴吉服冠，束吉服带及挂朝珠。龙袍以明黄色为主，也可用金黄、杏黄等色。

古时称帝王之位为九五之尊。九、五两数，通常象征着高贵，在皇室建筑、生活器具等方面都有所反映。清朝皇帝的龙袍，据文献记载，也绣有九条龙。从实物来看，前后只有八条龙，与文字记载不符，缺一条龙。有人认为还有一条龙是皇帝本身。其实这条龙客观存在着，只是被绣在衣襟里面，一般不易看到。这样一来，每件龙袍实际即为九龙，而从正面或背面单独看时，所看见的都是五龙（两肩之龙前后都能看到），与九五之数正好相吻合。另外，龙袍的下摆，斜向排列着许多弯曲的线条，名谓水脚。水脚之上，还有许多翻滚的水浪，水浪之上，又立有山石宝物，俗称"海水江涯"，它除了表示绵延不断的吉祥含义之外，还有"一统山河"和"万世升平"的寓意。

清代皇帝只有在祭圜丘、祈谷、祈雨的场合时穿衮服，形式为圆领、对襟、长与坐齐。平袖，钻金圆纽五颗。服色为石青色，绣五爪金团龙四团，左肩绣日，右肩绣月，前后为篆文寿字并兼五色云纹。

蟒袍

蟒袍以绣有蟒纹而得名，又叫"花衣"，上至皇子，下至九品文武官员及命妇皆可穿着，通常穿在外褂之内。皇太子着杏黄色，皇子着金黄色，领、袖石青色,织金缎镶边,绣九蟒,前后左右开衩。一品至三品绣四爪九蟒,四品至六品绣四爪八蟒,七品至九品绣四爪五蟒。不绣蟒纹的袍服,除颜色有禁外,一般可穿着。

一品至三品	绣四爪九蟒
四品至六品	绣四爪八蟒
七品至九品	绣四爪五蟒

因游牧民族惯骑马,因此多开衩,后有规定皇族用四衩,平民不开衩。其中开衩大袍,也叫"箭衣",袖口有突出于外的"箭袖",因形似马蹄,被俗称为"马蹄袖"。

其他男子服饰

清代琵琶襟马褂

行褂:是指一种长不过腰、袖仅掩肘的短衣,俗呼"马褂"。如跟随皇帝巡幸的侍卫和行围校射时获猎胜利者,缀黑色纽襻。在治国或战事中建有功勋的人,缀黄色纽襻。缀黄色纽襻的称为"武功褂子",其受赐之人名可载入史册。礼服用玄色、天青,其他用深红、酱紫、深蓝、绿、灰等,黄色非特赏所赐者不准用。马褂用料,夏为绸缎,冬为皮毛。乾隆时,达官贵人显阔,还曾时兴过一阵反穿马褂,以炫耀其高级的裘皮。

马甲:为无袖短衣,也称"背心"或"坎肩",男女均服,清初时多穿于内,晚清时讲究穿在外面。其中一种多纽襻的背心,类似古代裲裆,满人称为"巴图鲁坎肩",意为勇士服,后俗称"一字襟",官员也可作为礼服穿用。

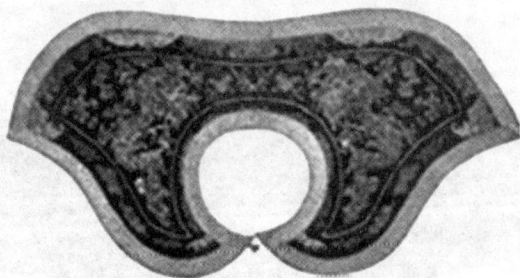

披领:加于颈项而披之于肩背,形似菱角。上面多绣以纹彩,用于官员朝服。冬天用紫貂或石青色面料,边缘镶海龙绣饰,夏天用石青色面料,加片金缘边。

裤子:清朝男子已不着裙,而普遍穿裤,中原一带男子穿宽腰长裤,系腿带。西北地区因天气寒冷而外加套裤,江浙地区则有宽大的长裤和柔软的于膝下收口的灯笼裤。

石青色缎穿米珠灯笼纹如意帽（此帽是清代光绪皇帝穿便服时所戴）

如意帽：俗称瓜棱帽，它以六片缎缝合而成，瓜棱形圆顶式，红绒结顶。帽檐用万字纹织金缎缘边，帽顶后垂红缨。帽上双喜灯笼纹样，用各色米珠钉缀或刺绣而成，工艺精湛，色彩鲜艳。

暖帽

凉帽

首服：夏季有凉帽，冬季有暖帽。职官首服上必装冠顶，其料以红宝石、蓝宝石、珊瑚、青金石、水晶、素金、素银等区分等级。帽缘正中，另缀一块四方形帽准作为装饰,其质多用玉,更有的以翡翠珠宝炫其富贵。这种小帽,即为明时六合一统帽,《枣林杂俎》记:"清时小帽,俗呼'瓜皮帽',不知其来已久矣。瓜皮帽或即六合巾,明太祖所制,在四方平定巾之前。"

朝珠:这是高级官员区分等级的一种标志,进而形成高贵的装饰品。文官五品、武官四品以上均佩朝珠。朝珠以琥珀、蜜腊、象牙、奇楠等料为之,计108颗。旁随小珠三串,佩挂时这边戴一串,那边戴两串,男子两串小珠在左,命妇两串小珠在右,另外还有稍大珠饰垂于后背,谓之"背云",官员一串,命妇朝服三串、吉服一串。贯穿朝珠的条线,皇帝用明黄色,以下则为金黄条或石青条。

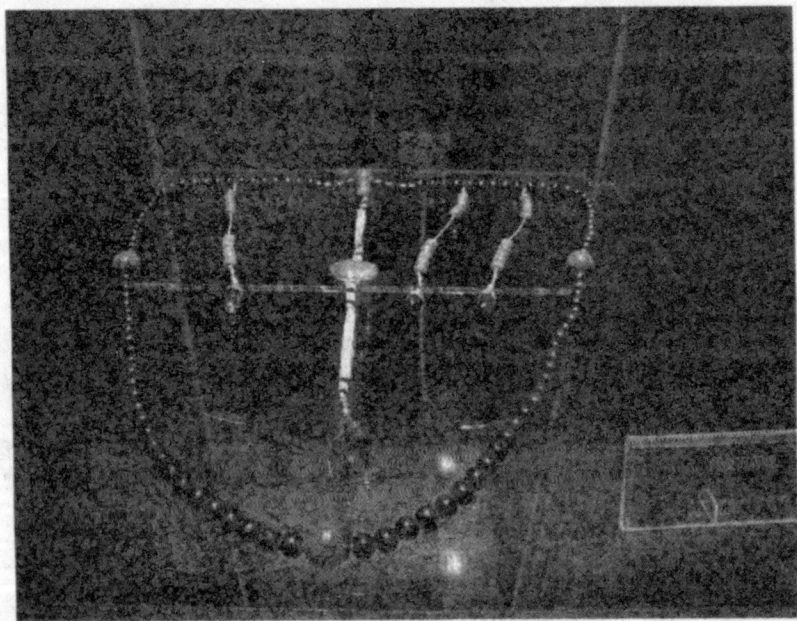

青金石朝珠,清康熙,周长150cm(北京故宫珍宝馆展品)

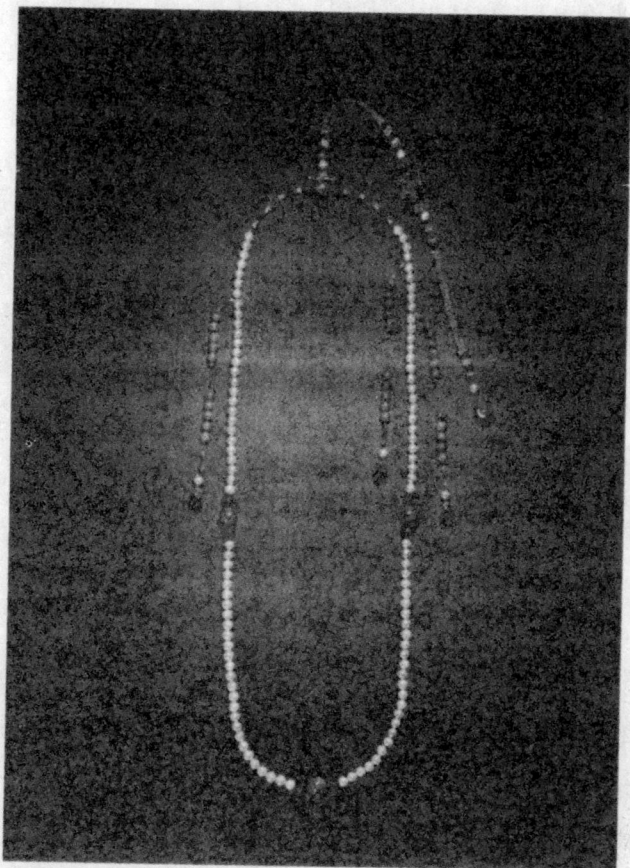

清 18 世纪御制东珠朝珠

　　腰带:富者腰带上嵌各种宝石,有带钩和环,环左右各两个,用以系帨(shuì)、刀、觽、荷包等。带钩上以玉、翠等镶在金、银、铜质之内为饰。

　　鞋:公服着靴,便服着鞋,有云头、双梁、扁头等式样。另有一种快靴,底厚简短,便于出门时跋山涉水。

　　清代男子服饰分阶层观之,主要为:

　　1.官员:头戴暖帽或凉帽,有花翎、朝珠,身穿褂、补服、长裤,脚着靴。

　　2.士庶:头戴瓜皮帽,身着长袍、马褂、掩腰长裤,腰束带,挂钱袋、扇套、小刀、香荷包、眼镜盒等,脚着白布袜、黑布鞋。

3.**体力劳动者**：头戴毡帽或斗笠，着短衣、长裤，扎裤脚，罩马甲，或加套裤，下着蓬草鞋。这种服饰延续至 20 世纪下半叶。

朝　靴

皇后服饰

　　清代皇后的朝服由朝冠、朝袍、朝褂、朝裙及朝珠等组成。朝冠，冬用薰貂，夏用青绒，上缀有红色帽纬。顶部分三层，叠三层金凤，金凤之间各贯东珠一只。帽纬上有金凤和宝珠。冠后饰金翟（dí）一只，翟尾垂五行珍珠，共 320 颗，每行另饰青金石、东珠等宝石，末端还缀有珊瑚。朝袍以明黄色缎子制成，分冬夏两类，冬季另加貂缘。朝袍的基本款式是由披领、护肩与袍身组成。披领也绣龙纹。朝褂是穿在朝袍之外的服饰，其样式为对襟、无领、无袖，形似背心。卜面也绣有龙云及八宝平水等纹样。

孝敬宪皇后

慧贤皇贵妃

　　上图为铜镀金累丝点翠嵌珠石凤钿。高 20 厘米，宽 30 厘米。清宫旧藏。此为光绪帝皇后穿吉服时所戴。钿子用藤片做骨架，以青色丝线缠绕编结成网状。钿上部圈以点翠镂空古钱纹头面，下衬红色丝绒。钿口饰金凤凰六，钿尾饰金凤五，下饰金翟鸟七，均口衔各种串珠宝石璎珞，具有很好的装饰效果。

　　皇后常服样式与满族贵妇服饰基本相似,圆领、大襟,衣领、衣袖及衣襟边缘,都饰有宽花边,只是图案有所不同。上图展示的服装纹样为菊花及蝴蝶。整件服装为湖蓝色缎地,衣身绣各种姿态的蝴蝶,蝴蝶中间穿插数朵菊花。袖口及衣襟也以菊花及蝴蝶为缘饰。此服为后妃所穿着。

　　上图展示的服装纹样为凤穿牡丹。整件服装在鲜艳的蓝色缎地上，绣八只彩凤，彩凤中间穿插数朵牡丹。牡丹的颜色处理得净穆而素雅，色彩变化惟妙，具有传统的山水画特点。与此相反，凤的颜色比较浓重，红绿对比度极为强烈，具有典型民族风格和时代特色。此图为皇后所穿的凤袍展示图。

清代皇后龙褂

清代乾隆皇后所穿的明黄缎
穿珠绣五彩云金龙朝袍

内蒙古荣宪公主墓出土清代荣宪公主
黄缎穿珠绣八团龙有水女袍

清末宣统淑妃文秀大婚
用金黄地绸绣朝袍

清代雍正明黄缎五彩
云金龙朝袍

　　清代后妃服饰,清代龙褂,样式为圆领、对襟、左右开气、袖端平直的长袍。龙褂只能为皇后、皇太后、皇贵妃、贵妃、妃嫔所穿。皇后龙褂纹饰,据文献记载有两种类型,北京故宫所藏实物,则有三种类型,均为石青色。第一种饰五爪龙八团,两肩、前胸后背各一团为正龙,前后襟行龙各两团,下幅八宝、寿山、水浪、江涯及立水纹,袖端各两条行龙及水浪纹。第二种只饰五爪金龙八团,下幅及袖端不施纹样。第三种饰五爪金龙八团,下幅加水浪江涯、寿山、立水纹。皇后、皇太后、皇贵妃、贵妃、妃的龙褂与此相同。嫔所穿龙褂,两肩前后正龙各一条,襟变四龙。

此裕(qiā)口衣为宫中后妃的便服,纹样写实,富于生活气息,绣工精巧细致,是清光绪时期的刺绣佳作。

下图,石青色绸绣八团龙凤双喜棉褂,清代光绪年间,身长135厘米,两袖通长176厘米,袖口宽22厘米,下摆宽114厘米,后开裾长75厘米。清宫旧藏。

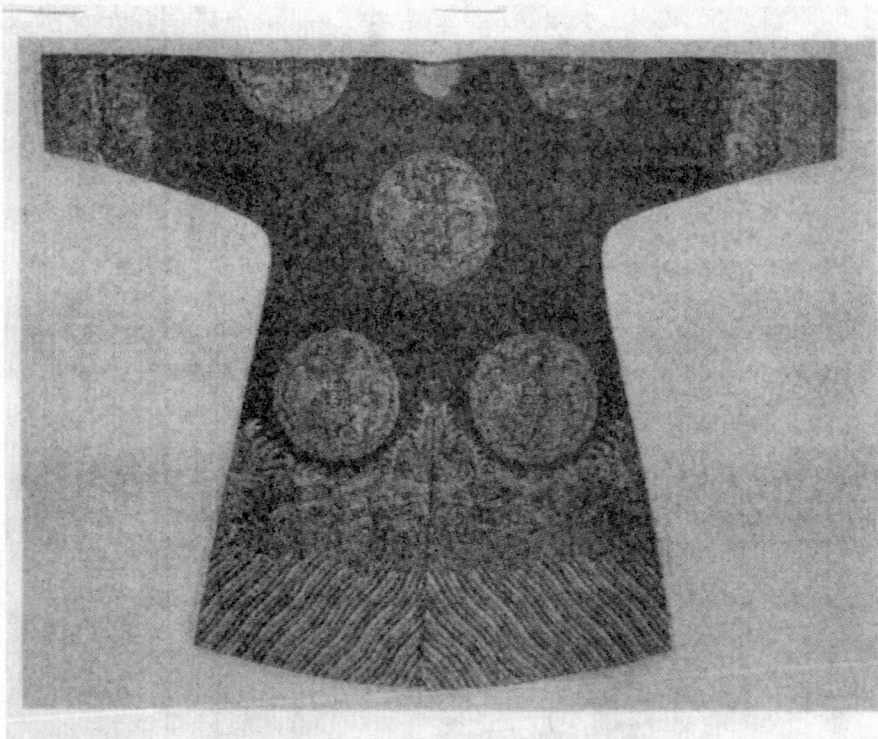

　　此为清代皇后吉服之一,大婚合卺交祝时皇后所穿,又称"龙凤同合褂"。圆领,对襟,平袖,裙后开,领口缀铜鎏金錾花扣一枚,拴系扣袢四枚。内衬明黄色素纺丝绸里,中间薄施丝绵。采取二至五色间晕与退晕相结合的装饰方法,在石青色江绸地上,运用平针、平金、戗针、套针、钉线等针法,彩绣八团龙凤双喜字等纹样。绣工精细,设色丰富饱满,衬托出大婚时的喜庆与热烈。是故宫博物院仅存的一件清代皇后"同合褂"。

　　清代乾隆皇后朝褂,样式为对襟、圆领、无袖、开气,通身绣金立龙纹,但纹样有几种不同样式。下图朝褂纹样为自上而下分四层以金锦沿边分隔,上层两肩前后各绣立龙一条,2层、3层、4层前后各绣立龙10条、12条、16条,总计78条,上层有珊瑚扣5粒。朝褂领后均垂有明黄色绦,绦上缀有珠宝。朝褂穿在朝袍外面。下图为清乾隆皇后朝褂。

　　下图朝褂纹样为前后身各绣大立龙两条,相向戏珠。下幅为八宝寿山江涯立水、立龙之间彩云相间。朝褂领后均垂有明黄色绦,绦上缀有珠宝。朝褂穿在朝袍外面。此图为清雍正石青缎地五彩云水金龙朝褂。

裙

　　清代裙式多变,如清初时兴"月华裙",在一裥之内,五色俱备,好似月色映现光晕,美不胜收;有"弹墨裙",以暗色面料衬托绣绘纹样;有"凤尾裙",在缎带上绣花,两边镶金线,然后以浅线将各带拼合相连,宛如凤尾。以后不断改进,咸丰同治年间在原褶裙基础上加以大胆施制,将裙料均折成细裥,实物曾见有300条裥者。幅下绣满水纹,行动起来一折一闪,光泽耀眼。后来在每裥之间以线交叉相连,使之能展能收,形如鱼鳞,因此得名为"鱼鳞裙"。诗咏之:"凤尾如何久不闻,皮棉单夹弗纷纭,而今无论何时节,都著鱼鳞百褶裙。"光绪后期又出现裙上加飘带者,飘带裁成剑状,尖角处缀以金、银、铜铃,行动起来叮当作响。关于裙色,一般以红色裙子为贵,喜庆时节,讲究着红裙,这种服色偏好由来已久并影响至今。丧夫寡居者着黑裙,若上有公婆而丈夫去世多年者,也可穿湖色、天青等。

　　裤子:只着裤而不套裙者,多为侍婢或乡村劳动女子。因上衣较长,着坎肩时坎肩也较长,所以裤子在衣下仅露尺许。腰间系带下垂于左,但不露于外,初期尚窄下垂流苏,后期尚阔而长,带端施绣花纹,以为装饰。

晚清云肩,清代命妇礼服

云肩：这是当时普遍佩用的装饰，云肩形似如意，披在肩上。其式样较早曾见于唐代吴道子的《送子天王图》和金代的《文姬归汉图》，元代永乐宫壁画中也曾出现，敦煌壁画供奉人像上更留下众多形象资料。明代已见于士庶女子之间，可作为礼服。清初妇女在行礼或新婚时作为装饰，至光绪末年，由于江南妇女低髻垂肩，恐油污衣服，遂为广大妇女所应用。尤侗《咏云肩》诗说："宫妆新剪彩云鲜，裹娜春风别样妍，衣绣蝶儿帮绰绰，鬓拖燕子尾涎涎。"

镶滚彩绣是清代女子衣服装饰的一大特色。通常是在领、袖、前襟、下摆、衩口、裤管等边缘处施绣镶滚花边，很多是在最靠边的一道留阔边，镶一道宽边，紧跟两道窄边，以绣、绘、补花、镂花、缝带、镶珠玉等手法为饰。早期为三镶五滚，后来越发繁阔，发展为十八镶滚，以至连衣服本料都显见不多了。

除以上所述衣服外，尚有手笼、膝裤、手套等，多以皮毛作为边缘。大襟处佩耳挖勺、牙剔、小毛镊子和成串鲜花或手绢，并以耳环、臂镯、项圈、宝串、指环等作为装饰。

各时期女装

康熙年间

贵族妇女流行一种身着黑领金色团花纹或片金花纹的褐色袍，外加浅绿色镶黑边并有金锈纹饰的大褂。襟前有佩饰，头上梳头髻，也有包头巾样式。侍女是着黑领绿袍，金纽扣，头上饰翠花，并有珠珰垂肩。

锦绣服饰 **135**

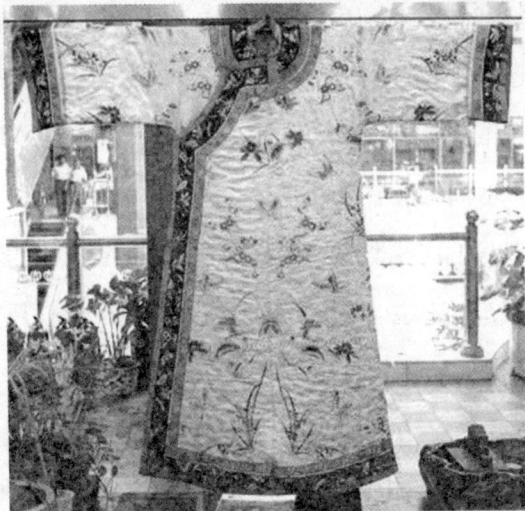

乾隆年间

　　妇女着镶粉色边饰的浅黄色衫,外着黑色大云头背心。裙边或裤腿镶有黑色绣花栏干,足着红色弓鞋。也有着朱衣,袖边镶白缎阔栏干,足着红色绣花鞋。也有的着镶有黑边饰的无领宝蓝色衣者,襟前挂香牌一串,纽扣上挂时辰表、牙签、香串等小物件。也有的在衣服外面结桔黄色带子,垂在腰胯两侧与衫齐,带子的端头有绣纹。也有的着白纱汗衫,黑裤红腰带、红肚兜,鞋后跟有提舌。

嘉庆、道光年间

　　女子多着低领蓝衣紫裙,裙子镜面和底边均镶黑色绣花栏干,袖口镶白底全彩绣牡丹阔边。也有的袖口和衣服裙子镶阔栏干,裙带垂至膝下,肩有镶滚云肩。也有的着团花绿衣浅红色裙,裙的镜面上绣少许折枝花,披云肩垂流苏。

　　同治年间流行蓝缎地镶阔边的绸裤带,带宽一丈或数丈,带端有绣纹。无论着裙着裤均有系带的习俗。腰带系后垂至膝下为尚。

　　氅(chǎng)衣为清代的妇女服饰,氅衣与衬衣款式大同小异。衬衣为圆领、右衽、捻襟、直身、平袖、无开气的长衣。氅衣则左右开衩,开至腋下,开衩的顶端必饰有云头,且氅衣的纹样也更加华丽,边饰的镶滚更为讲究。纹样品种繁多，并有各自的含义。大约在咸丰、同治期间，京城贵族妇女衣饰镶滚花边的道数越来越多，有"十八镶"之称。这种装饰风尚，一直到民国期间仍继续流行。

晚清青莲纱绣折枝花蝶大镶边加套袖氅衣

光绪中期

妇女衣裙渐短，袖子渐宽，带长过膝露出约一尺有余，走动时随风飘摆，也有将流苏缝于带端，摆动时呈现异样效果。服色以选用湖蓝、桃红为多，也有宝石蓝和大红等色。

光绪末年

妇女的衣服身长过膝，采用大镶滚装饰，裙上有时加 16 至 20 条飘带，每条带尾系上银铃，步行时有响声，甚为风趣。衣襟前挂有金或银制的装饰物，如耳挖子、牙剔子、小毛镊子等。有的还挂有梅檀一类的装有香料的小香囊。也有的系着内装香脂粉的绸缎或缂丝制成的小镜袋。与此同时，上海流行一种新装，这种新装不但在袖边，也在臂肘上饰以镶滚，衣服较以前窄且长，裤子也相应地窄了一些，并配以三至四对手镯。如此新装，确实将妇女们的形象装扮得更加清秀和娴静。这种在原有基础上稍加变化的新形式，在当时就是时髦的新潮装。

清末

　　流行衣袖里面装假袖口,少时一二幅,多时二三幅。这种装束,一则为了显示身份和富有;二则为加强旗装封闭形式的风格特色。假袖口不但用料考究,装饰布局也追求与旗袍相同,由此整体服饰更增加了华丽的效果,也加强了装饰的层次感。假袖口一层层连接起来,显现出窄袖的修长感觉。

晚清刺绣衬衣

　　清代女式衬衣为圆领、右衽、捻襟、直身、平袖、无开气,有五粒纽扣的长衣,袖子形式有舒袖(袖长至腕)、半宽袖(短宽袖口加接二层袖头)两类,袖口内再加袖头。清代女式衬衣是妇女的一般日常便服,以绒绣、纳纱、平金、织花为多。周身加边饰,晚清时的边饰越来越多。下图为晚清凤凰牡丹金寿字纹刺绣衬衣。

官服

礼服:形如袍,略短,对襟,袖端平,是清代官服中最重要的一种,穿用场合很多。补子图案根据《大清会典图》规定如以下简表:

一品	文官补子绣饰	武官补子绣饰
一品	仙鹤	麒麟
二品	锦鸡	狮
三品	孔雀	豹
四品	云雁	虎
五品	白鹇	熊
六品	鹭鸶	彪
七品	鸂鶒	犀牛
八品	鹌鹑	犀牛
九品	练雀	海马

按察使、督御使等依然沿用獬豸补子,其他诸官有彩云捧日、葵花、黄鹂等图案的补子。

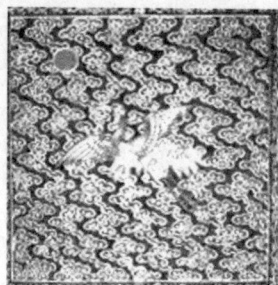

一品仙鹤

二品锦鸡

三品孔雀

四品云雁

五品白鹇

六品鸳鸯

七品鸂鶒

八品鹌鹑

九品练雀

清代八旗兵甲胄

　　清代一般的盔帽,无论是用铁或用皮革制品,都在表面髹(xiū)漆。盔帽前后左右各有一梁,额前正中突出一块遮眉,其上有舞擎及覆碗,碗上有形似酒盅的盔盘,盔盘中间竖有一根插缨枪、雕翎或獭尾用的铁或铜管。后垂石青等色的丝绸护领,护颈及护耳上绣有纹样,并缀以铜或铁泡钉。铠甲分甲衣和围裳。甲衣肩上装有护肩,护肩下有护腋;另在胸前和背后各佩一块金属的护心镜,镜下前襟的接缝处另佩一块梯形护腹,名叫"前挡"。腰间左侧佩"左挡",右侧不佩挡,留作佩弓箭囊等用。围裳分为左、右两幅,穿时用带系于腰间。在两幅围裳之间正中处,覆有质料相同的虎头蔽膝。清代八旗兵的甲胄用皮革制成。此服供大阅兵时穿用,平时收藏起来。清代除满八旗外,在蒙古设蒙古八旗,在汉族设汉八旗,参加大阅兵的实为二十四旗。

发饰

　　扁方,为满族妇女梳"两把头"时所用的特殊的发饰之一。清代始有扁方其名。

　　扁方,顾名思义,其形是又扁又方。有扁尺形、缩腰宽瓣形、缩腰狭叶形、缩腰两端尖叶形……

　　扁方上都饰有牡丹、石榴、宝相花纹,或蝙蝠、蝴蝶等吉祥鸟兽以取各种祝福的寓意。

　　清宫戏里人人头上都顶着一块儿小黑板似的"旗头",两边各一串红穗子。这个发型既不是清朝300年的传统发型,更不是人人都可以这样梳的。

　　这种"小黑板儿"的学名叫作"大拉翅",是慈禧晚年的发明,所以如果是在同治年以前的清宫戏中出现,就是大笑话。传说慈禧晚年的时候,因为头发脱落,无法再梳满族传统的两把头,才发明了这种以铁丝做架子、以布做胎、以青缎或青绒布做套的帽子式的头饰。因为这种"大拉翅"不是以自己的头发梳成，可以做到一尺多高，又能承载许多沉重的珠宝首饰，深得慈禧的欢心，在满族的贵妇中也广为流行。但宫女或者平民女子是绝对不可以戴这个的。穗子也有讲究，只有逢年过节才可以在大拉翅的一边穿上一串红穗子，平时大多饰以鲜花、绒花或者珠宝。

头花是清宫后妃的主要首饰，多以珠宝镶嵌而成。后妃喜戴头花，因花朵大，覆盖面大，戴在"两把头"正中，显得富丽堂皇。头花有美饰发髻的用意，亦有显示身份、地位的意思。在慈禧的许多画像、照片中，都能见到她发髻高耸，头戴大朵头花的形象。慈禧不但喜欢珠宝头花，还喜戴大朵绒花。这是因为"绒花"与"荣华"近音，戴绒花即有荣华富贵的意思。清宫后妃一年四季都头戴绒花，以求吉祥。

　　清宫旧藏首饰，完全由宝石雕成的蝴蝶牡丹发簪，无论花卉还是草虫都栩栩如生。

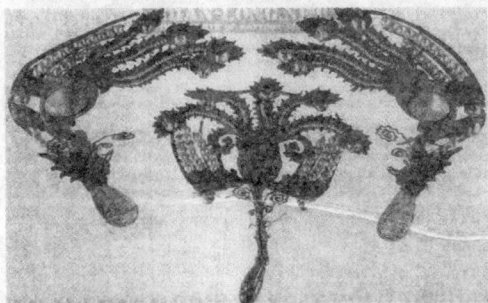

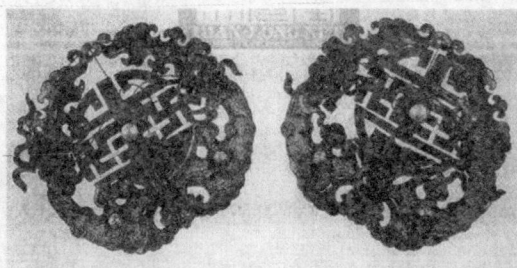

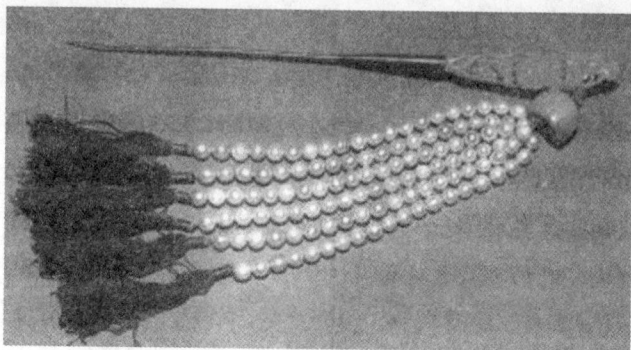

清珊瑚珠玉步摇

满族女性在成年前,只梳一根单辫垂于脑后,辫梢上缠一红头绳,前额剪成"刘海",并常以金银、珠宝制成别致珠坠角,系于辫梢上,随辫摆动,以示美观。满族已婚妇女必须绾发盘髻,中间横插一根银制的扁方,称"高粱头"。其中最典型的是梳"两把头",将头发束在头顶,编成"燕尾式",并戴上扇型发冠,这种发型称"旗头""京头"。

到了清末,随着各国文化的涉入,女子发式也发生了一些变化。

丫环为小姐们梳理打扮的场面,1868年拍摄

富家女主人,胸前挂有佛珠,穿着朴素,但仍可以看出是出于有钱人家

汕头妇女的流行发式,1868 年拍摄

1865 年商人家的太太,从照片上可以看见这位少妇的头发眉毛和嘴唇都经过精心修饰

广东总督二品官黄大人,1862 年拍摄,从照片上可见清代高官贵族的荣华奢侈

1868年的中国妇女正在梳头,照片中为典型汉族妇女的形象

汕头年轻姑娘,1868年拍摄。
小姑娘在头上别了一个蝴蝶
装饰,并梳了蝴蝶式发型

汕头已婚妇女的发式。1868年
拍摄的棒槌式发型

福州租界区的妇女，1868 年拍摄

宁波妇女，1868 年拍摄

近现代篇

中西结合——民国时期

　　1840年鸦片战争爆发,由于帝国主义的侵略,西方文化的冲击,中国文化开始摆脱以往封闭的状态。

　　1911年,辛亥革命爆发,孙中山领导了旧民主主义革命,推翻了封建帝制的最后一个王朝,建立了资产阶级政权,即中华民国。辛亥革命的爆发是历史发展和社会经济发展的必然趋势。由于民族资本主义的出现,上海、广州等地出现了一批买办资本家和民族资本家,同时欧美等资本主义国家在华兴办企业、银行,并在各大城市形成租界。

　　西方服饰文化从此开始渗入中国,"舶来品"对当地原有的服装式样产生了强烈冲击,中国进入到了中国服装史

孙中山先生生前穿过的衣服

上一个比较特殊的中西式服装并存的年代。当时,中国已有相当一部分从事教育、政治、艺术、科学行业的城市居民接受了西方服饰的穿着方式,并与本民族的服装相融合,形成了"中西合璧"的穿着方式,如旗袍、烫发、高跟鞋,男装中的长袍与礼帽、西裤、皮鞋的组合。同时民国时期的中国,由于贫富两极分化的加剧以及农村仍处于落后的自然经济状态,导致中国服装的发展处于两极分化的状态中。虽然在城市中已流行西装、洋装,但农村地区的服装仍停留在19世纪。

服饰种类

中华民国成立以后，为实践人们所追求的自由、平等的主张，政府废弃了千百年以衣冠"昭名分，辨等威"的传统习惯及规制，仿效西方国家的服饰，颁布了《服制条例》，规定了男女礼服的式样，要求官吏士庶一律遵循。但是，由于其中颇多不切合中国实际之处，该条例终未能实行。

到了 20 世纪 20 年代末，民国政府重新颁布了《服制条例》，以此作为民众衣着的准则，该条例吸取民国初年所定条例不符社会实际的教训，只对男女礼服和公务人员制服作了规定，对于平时百姓所穿的便服，则不作具体规定。

但是，当时社会服装的式样和品种，远超条例所作的规定，显出千姿百态的格局。

1933 年四代同堂的广州家族，服装新旧杂陈

长袍马褂

民国初年，男人服装仍以中装，即长袍（长衫）和马褂为主。长袍马褂为清代满族男子最常用的服饰之一。马褂加于长袍的外面，起源于骑马短衣。后来，长袍马褂传到民间成为社会普遍流行的便服。

民国元年,北洋政府颁布的《服制条例》中将长袍马褂列为男子常礼服之一;南京国民政府也将蓝长袍配黑马褂以及中山装列为"国民礼服"。

长袍与马褂多为圆领、窄袖,后来不少长袍是企领的;长袍为大襟,马褂是对襟。

长袍、马褂有礼服、便服之分。用作礼服时,在款式、质料、颜色及尺寸等方面都有一定格式。长袍用蓝色,大襟右衽,长至踝上6厘米,左右两侧下摆处,开有30厘米左右的长衩,其袖长与马褂同。马褂一般用黑色丝麻棉毛织品缝制,下长至腹,前襟钉扣5粒。若作为便服,颜色可以不拘。在初春或深秋,人们还喜欢在长袍外加一件马甲,代替马褂。

民国期间,有不少旗人住在老城的中心。尽管旗人衣服与本地人区别不大,但他们穿着的长袍马褂却有自己的特色,腰部必横系一布条,鞋子的面以厚布密缝榄核形线条,鞋底是木的,密布铁钉,一望就知道是旗人。

漳绒松鹤纹长衫　　　　对襟、窄袖、团花马褂

裤子

民国初期的中式裤子,大多比较宽松,裤脚用缎带系扎。20世纪20年代中期,曾一度去除扎带,裤管也比较宽。至20年代后期,裤管逐渐收小,并恢复了扎带的方法,带子都是以本色质料缝制在裤脚上的。

民国初期的中式裤子

短袄、套裙穿戴组合例

20年代女装

20世纪20年代的女子流行穿着上衣下裙,上衣有衫、袄、背心;款式有对襟、琵琶襟、一字襟、大襟、直襟、斜襟等;领、袖、襟、摆等处多镶滚花边,或加刺绣纹饰;衣摆有方、有图,宽瘦长短的变化也较多。上衣下裙的女装后来一直流行,但裙式不断简化。

红地绣银花高领长袄

穿短袄套裙的妇女

中山装

1923年,在广州任大元帅的孙中山觉得西装式样烦琐,穿着不便,而旧式的长袍马褂又不能表现人民的时代精神,于是他主张以南洋华侨"企领文装"为基础,在企领上加一条反领,代替西装衬衣的硬领。

中山装的前门襟有六个纽扣,直线均匀排列;背有背缝,后背中腰处加上腰节的省缝,穿起来收腰挺胸,舒适自然。裤子则把中国传统的挹裆裤改变为前后各两片组成,两侧上端均缝有直袋,前片腰口有平行与丁字形的折裥各两个,右腰口装表袋一只,以前裆裤缝为开门。后片双侧均有双省,做有后袋。腰头有上腰头和连腰头,腰上装五至七个串带,脚口带卷脚的西裤式样。中山服夏用白色,其他季节用黑色。结构合理,功能性强,既可用高档布料制作,也能使用一般布料制作;外观轮廓端正，线条分明，有严肃、庄重、朴实的美感；既能做日常便服，又可做上班服或出客服装；既能适应不同地区气候条件的需要，又能适应青、中、老年的穿着，不受社会阶层、地位、等级的限制。

穿学生装和中山装的男子

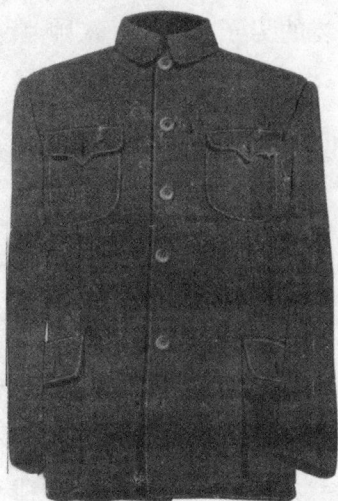

在孙中山的倡导下,"中山装"流行了起来。后来,中山装成为了民国政府官员的标准服装。

西装的兴起

长袍、马褂,往往是旧派人物的穿着,思想开放的人士爱穿西装。西装在清朝末期传入中国。

最初,西装仅为来华的西方人所穿。后来,广州等沿海通商口岸地区的商人也开始穿着西装。

中国第一家洋服店,被认为是1879年开设于苏州的李顺号洋服店。广州第一家洋服店,是1880年创办的信孚成记洋服店,它位于沙面租界附近的沙基(现六二三路)。当时,这一带除了信孚成记洋服店外,还陆续出现了元祥号等多家洋服店。1892年,元发号洋服店在高第街开设,店主潘礼、潘伯良从日本学艺回国,有"洋服状元"之称。

西装真正流行是民国以后的事情。到了20世纪20年代,许多大城市陆续出现了专门制售西装的公司,还出现了国产名牌西装,并有不少报纸、杂志开辟专栏介绍西装。

当时在广州,穿西装的男子极多,有教师、学生、各机关的办事员和洋行职员。

岭南大学学生外出,西装笔挺,洋派十足,深受当时广州女孩子的青睐。

西装从开始的星星点点,到与中装平分秋色,有后来居上之势。

在西装流行的同时,一些知识分子及青年学生还喜欢穿学生装。学生装由西装改造而成,其样式比西装简便。它没有翻领,只有一条窄而低的狭领,穿时有纽扣扣紧,不用领带。衣服下方,左右各有一个暗袋,左侧胸前还有一个明袋。穿着这种服装,有一种干练的感觉。

1921年，广州岭南大学的女学生，不少人穿着白衫黑裙

一家人中，服装中西并存

嫁衣

　　过去广州有钱人家嫁女要有四季衣裳作妆奁(lián)，还要做大裯、花裙，这些都十分讲究式样和花款。要做出嫁服装，一般要与绸缎店熟行"老倌"(当时服装业对熟悉业务的高级店员的称谓)联系，让"老倌"逐一解释指点。绸缎店对这些大生意非常重视，会派主管及"老倌"上门接洽，因为办喜事的人家除了新娘要做嫁衣外，往往全家大小都要缝制新衣，"老倌"要带齐男女老少各种服装样本上门，统一订制。

中国传统婚礼使用的花轿

20 世纪 20 年代中式婚礼服

传统婚礼中的喜轿

随着西方文化的深入传播，从海外留学归来的"海归"们，不少人已经信奉了基督教，他们一般选择在教堂举行婚礼，并以此为时髦。"西风东渐"中洋派的结婚程序被越来越多的中国人所了解和认可，在一些大城市穿着白纱礼服的婚照在这一时期也开始多见起来。19世纪30年代西式服装大行其道。在上海等大城市开始流行穿白色婚纱礼服，一般新娘穿白色婚纱礼服，手捧鲜花，头戴白色长纱，长达五六米；新郎穿黑色大礼服，白硬领衬衫，戴黑领结，手捧黑呢高帽和白色手套。另外还有男女二位傧相，也穿大礼服和白纱，陪着一对新人。举行婚礼后就在教堂内与双方家长、证婚人等拍摄合影照，这就是起初的婚纱照。19世纪40年代前后白色婚纱礼服已经成为一种风气，婚纱照由教堂合影逐步转移到照相馆，程序上也由举行婚礼后拍照改为婚礼前拍照，人数由集体合影演变为两大两小的四人合影，进而发展到只有新郎、新娘两人合影，从此开始了名副其实的婚纱照。

城市新娘开始披婚纱

文明时装——五四精神的时尚符号

1918年，从知识界传出了服装要归真的疾呼，提出了"男子去长衫，女子去裙子"的口号。文明新装由此诞生。所谓文明新装，就是女性头上不佩戴耳环、发箍等装饰物，手上不戴戒指，身上穿朴素的衣服，下面配不带花纹的黑色长裙。这种装束由北京、上海两地的女学生最先提倡，之后蔓延至知识女性，不久连家庭妇女也摆脱了华丽的衣衫，换上了一身朴素的衣装。到了五四期间，白色运动帽、宽大短袖的白布衫和过膝黑色长裙成为了全国各地女学生的标准装扮，不少学校还将其定为女生校服。所以，这种"文明新装"也被称作是"文明学生装"。

连衣裙

从20世纪20年代起就有一部分留学生及文艺界、知识界的女士穿着连衣裙，至30年代穿者渐多。连衣裙的特点是上衣和下裙相连，收腰或束腰带，能够显示腰身的纤细。连衣裙多为直开襟；袖子也有长袖、短袖、泡泡袖、喇叭袖等变化；领有方领、圆领、水兵领等；下裙有斜裙、喇叭裙、节裙等，款式变化非常丰富。

穿短袖连衣裙的妇女

20世纪30年代上海时装

童装

晚清童装

民国童装

时装的兴起,也促进了童装的发展,迫使不利于儿童身体发育的紧窄小旗袍和短褂改变成适合身体发育的新式童装。

旗袍

20世纪20年代最流行的女装就是旗袍。旗袍原本是"旗人",也就是满族人的传统服装,经过西方服装制作工艺的改良之后,在20世纪20年代风靡于上海。张爱玲的《更衣记》曾说过:女人穿旗袍"倒不是为了效忠于满清,提倡复辟运动,而是因为女子蓄意要模仿男子"。因此,新式旗袍可以说是带有女权色彩的一场服装改革。20世纪20至30年代,旗袍几乎成为了上海女人的标准装扮,工人、学生、职业妇女、摩登女郎和明星名媛无不偏爱,热度蔓延全国。

彩绣阔镶边旗袍——清末满族妇女服装样式

民国初年,妇女服装仍保持着上衣下裙的形制,政府也规定女子礼服为上袄下裙。后来,受西方生活方式的影响,妇女们领悟到"曲线美"

的道理,在裁制衣服时改变了传统女服胸、肩、腰、臀的完全呈平直状态,服装日趋华丽,出现了很多奇装异服。

旗袍是当时最流行的女性服装。

旗袍最初源于满族女性的传统服装,民国年间融入了西方元素,改良成为最能体现女性魅力的流行服装。1929年,民国政府确定旗袍为国家礼服之一。传统旗袍特点是宽大、平直、下长至足,上下显一条直线,外加高高的硬领,女性身体的曲线毫不外露。

彩袖曲襟低领长袖旗袍——20世纪20年代末期的样式

民国期间的"改良旗袍",最大的改变在于袍腰不断收缩,女性身材的曲线终于全部显露出来。一些旗袍腰身最后竟窄得要吸气才能扣上纽扣。

此外,旗袍的长度也缩短了,袖口也收窄了。传统旗袍配穿长裤,开衩处很浅,仅可见绣花的裤脚,民国旗袍内着内裤和丝袜,开衩处露腿。民国旗袍面料较轻薄,装饰亦较简约,淡雅合体。

银绣云龙纹高领中袖旗袍

20 世纪 30 年代彩绣大襟短袖旗袍

20 世纪 30 年代上海时装

绣银云龙纹高领中袖旗袍——20 世纪
20 年代中期的样式

到了 20 世纪 30 年代,旗袍款式的变化主要集中在领、袖及长度等方面。先是流行高领,渐而又流行低领,甚至流行起没有领子的旗袍。袖子的变化也是如此,时而流行长的,长过手腕;时而流行短的,短至露肘。至于旗袍的长度,更有许多变化,在一个时期内,曾经流行长的,走起路来无不衣边扫地;后来又流行短的,通常都在膝盖以上。

由于战争的影响,20世纪40年代旗袍的款式趋向于取消袖子、缩短衣长和减低领高,并省去了许多烦琐的装饰,使其更加轻便、适体。

当时的广州,无论是达官贵人的太太、小姐,还是学生、家庭主妇,都喜欢旗袍。上下九一带就有很多裁制旗袍出色的店铺,西关小姐穿着的旗袍多为绣花绸缎料,旗袍打腰褶、胸褶,以突出女性的曲线美。

织锦缎无袖双襟旗袍——20世纪40年代初期的样式

张爱玲的那个时代仍旧是旗袍当道的时候,她自己也爱穿旗袍,并自己改制。但很多时候,她却要自己买布、设计,自己做裁缝。她穿得"惊世骇俗",在普通人的眼中,剔除了才情,她对衣服的爱,是爱到骨子里的。

张爱玲————一张时代反转片

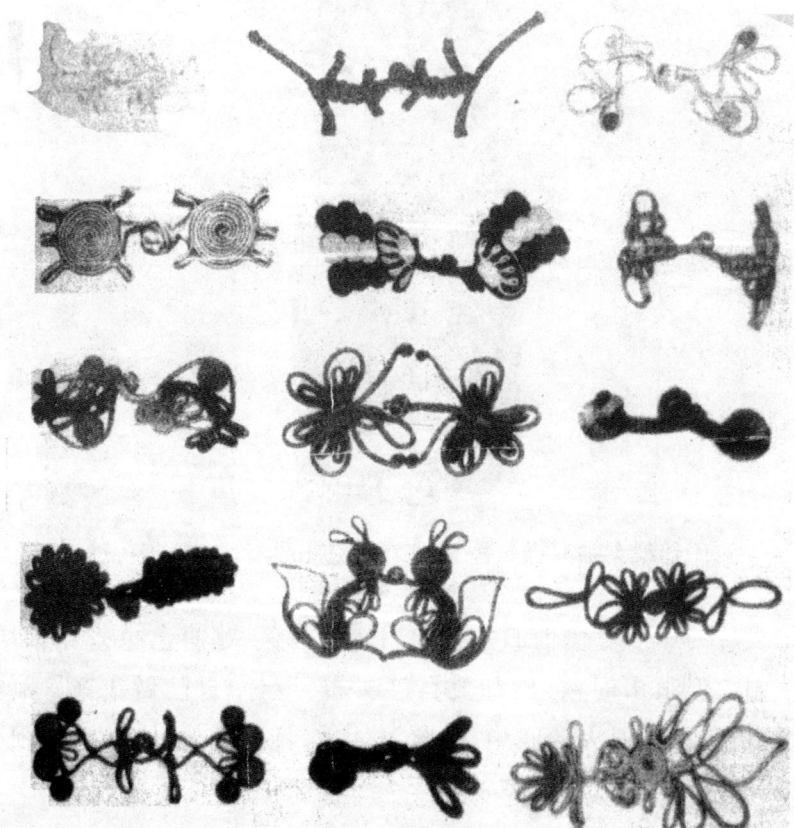

旗袍中最能体现个性的是纽襻,既增添了旗袍的现代气息,又表现了中国文化的底蕴。

发式

女子的发式,随着流行而不断变化。曾经时尚的发髻有螺髻、朝天髻、空心髻、盘辫髻、堕马髻、舞凤髻、蝴蝶髻等等。年轻女子除了梳髻以外,有的还留一缕头发于额上,俗称"前刘海儿"。前刘海儿的式样一般都盖在眉间,也有遮住两眼的,还有将头发剪成圆角,梳成垂丝形的;或者将额发分成两绺,并修剪成尖角,形如燕尾,时称"燕尾式"。到了民国初年,更是风行一种极短的刘海儿发,远远看去若有若无,名叫"满天星"。

女子剪发以后,一般多用缎带束发,也有用珠翠宝石做成各种发箍套在发上的。20世纪30年代左右,烫发流传到中国。当时大城市的女子,发式大都模仿西式,有的还把头发染成红、黄、棕、褐等各种不同颜色,以此为时髦。

垂丝式

20世纪30年代的发饰

烫发妇女　　　　　　　烫发、穿短袖旗袍及高跟皮鞋的妇女

礼帽

　　礼帽的形状大多是圆顶,下面有宽阔的帽檐。穿着中式、西式服装都可以戴礼帽,这是当时男子最庄重的服饰。至于其他便帽,样式也比较丰富,一般都以各人的身份、地位及职业而定,没有统一的制度。

政治潮流——20世纪五六十年代

服饰类别

列宁装

　　那个时期对我们影响较大的还有苏联的服饰，所谓"列宁装"就是依照列宁生前常穿的服装设计的服装，大翻领，单、双排扣，斜插袋，还可以系一条腰带。当时南京城就流传着这样的童谣："一进堂屋亮堂堂，房里摆的大花床，姑娘穿的花衣裳，小伙子穿的'列宁装'。"列宁装有男装，也有女装，而且女式列宁装更为时髦，是那个年代女干部和女学生的标志性服饰。

20 世纪 50 年代首都大学生身着列宁装

布拉吉——上世纪 50 年代最受欢迎的服装

20 世纪 50 年代有一种"苏联花布"传入中国，也确实给当时的服饰增添了一些色彩。一时间，家家户户，从床单、被面到窗帘……凡有用得到布料处，几乎都是俄式花布，就是用这种苏联大花布，做成了青年女子的"布拉吉"。

"布拉吉"是俄语"连衣裙"的音译，也是 20 世纪 50 年代最受中国人欢迎的服装。据说，布拉吉裙在中国的流行，得归功于一位苏联的领导人。这位苏联领导人来中国访问时，提出中国的服装不符合社会主义大国形象，"女性应该人人穿花衣，以体现社会主义欣欣向荣的面貌"。于是，色

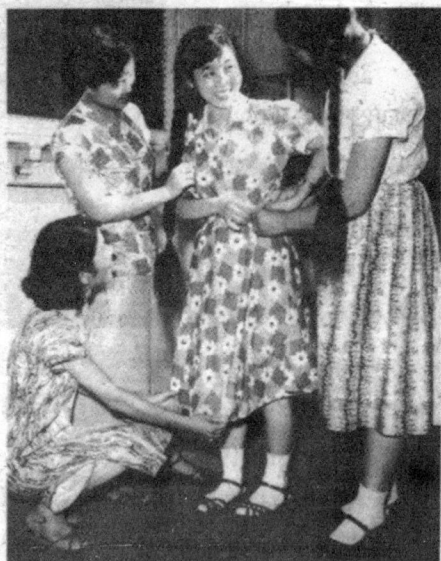

20 世纪 50 年代的女性身穿布拉吉的情景

彩鲜艳的布拉吉成了各大中城市最亮丽的风景。在中国的许多城市，不独女子穿"布拉吉"，连男子也身着苏联大花布服饰，使朴素的中国风里充满了浓烈的"苏维埃风尚"。

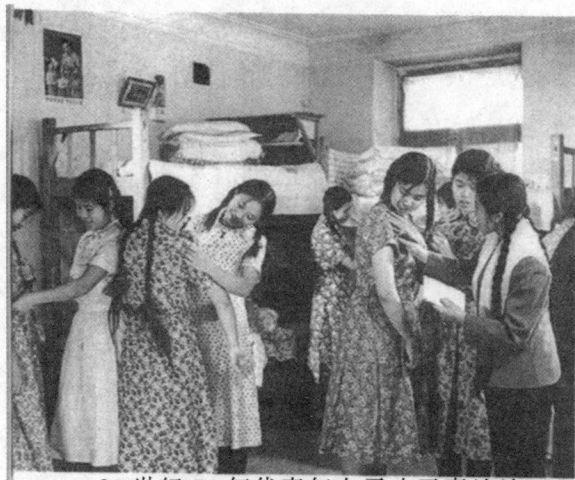

20世纪50年代青年女子欢天喜地地挑选"布拉吉"的情形

人们普遍崇尚工农兵的穿着打扮。那么，基于实际需要来讲，人人参加劳动，建设新中国，需要耐磨耐脏的日常服装。工装与军装的灰蓝绿自然成了最实际的流行色。当然，物质的匮乏是造成这种时尚的重要原因。纺织工业落后，人们没有太多选择，品种单一，色彩单调，这也是形成无彩服装的原因之一。

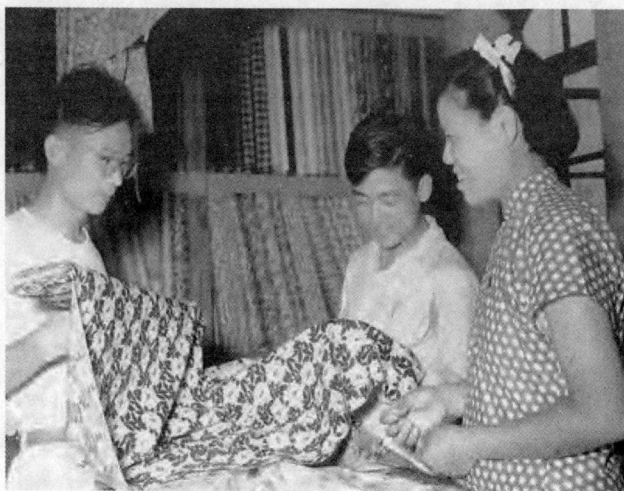

1956年，一位工人领到工资后到合作社挑选花布，准备为未婚妻做件漂亮的布拉吉

这就是 20 世纪 50 年代异国风情对中国风俗的一次影响。直到 20 世纪 60 年代，"布拉吉"和大花布才算收场。

城乡服饰差异

由于城市与外界交往频繁，因此服装的款式、材料变化快，而边远山区和农村，相比之下几乎相差百余年。比如，当上海女子已经开始整烫头发，足着高跟鞋时，河北的三河县妇女头上还戴着三四百年前的冠子，足下还缠着一双"三寸金莲"；当北平的贵族妇女已经着贴身旗袍之时，在甘肃还有 30 年前上海时兴过的大镶滚袖衣。

都市女子结婚采用头披白纱，身着丝织礼服，手持白色花束，举行"文明"结婚，农家女子仍然穿红袄戴珠冠，乘坐红轿，保持着旧式风俗。民国初年，福建一些地区甚至还在沿用着明代的婚装，女子头戴瓦楞帽或方巾，身披霞帔戴珠冠，男人头戴大礼帽，上缀红缎辫或红丝线，男女二者的装束很不相称，与都市的距离也很大。

潮流年代——改革开放

"人人一身蓝"

20世纪60年代

改革开放前衣服色彩比较朴素单调。

20世纪50年代的人们崇尚劳动最光荣,朴素是时尚。1956年,三大改造开始轰轰烈烈地进行。随着人们的生活一天天好起来,流行的色彩也从蓝色、灰色变得丰富多彩了,特别是色彩鲜艳的"布拉吉"成了各大中城市最亮丽的风景。

20世纪60年代初期,是新中国历史上最艰苦的时期,由于三年自然灾害,1959年到1960年棉花大幅减产,棉布定量为每人不足10米。人们买服装、棉布和日用纺织品都要凭布票。为了尽可能地节约,购买服装的标准是耐磨和耐脏,灰、黑、蓝色成为街头流行色,千篇一律、季节不分、男女不分的服装样式也更通行了。

20 世纪 70 年代

　　沉闷的服装不会一直沉闷下去,随着社会生活的发展,衣着上发生了走向人性复归的趋势,变化的机会终于来了,并且开始不断地在矛盾冲突中演绎着时尚的风采。喇叭裤与厚底鞋在 20 世纪 70 年代后期开始流行,也成为那个时代的象征。

穿着喇叭裤的女青年　　　　　穿喇叭裤戴蛤蟆镜的男青年

　　喇叭裤原为水手服,据说是西方水手的发明,水手在甲板工作,因海水容易灌进靴筒,所以想了这个改变裤脚形状的办法,宽大裤脚罩住靴筒,以免水花溅入。1960 年成为美国颓废派的时尚,后来“猫王”把喇叭裤推向了时尚巅峰,随后流传到日本和我国港台地区。随着日本和我国港台地区电影在我国内地的流行,中国敞开对外大门时,恰逢喇叭裤在欧美国家接近尾声但仍在流行的时候。喇叭裤的裤腿上窄下宽,臀部和大腿部剪裁合体,而从膝盖以下逐渐放开裤管,使之呈喇叭状。喇叭裤裤腿一般盖住鞋跟,所以有人戏谑地称喇叭裤“兼有扫地的功能”。中国青年几乎在一夜之间接受了喇叭裤并迅速传遍全国。喇叭裤将人臀部与腿部的曲线清晰地勾勒出来，成为女性魅力的直接展现，加上厚厚的鞋底，让女性看上去越发显得纤细和苗条。

"的确良"

"的确良"衬衫

20世纪70年代中国经济开始活跃，老百姓的衣着开始从"黑灰蓝绿"逐渐走向复归，最具有代表性的首推"的确良"。什么是"的确良"呢？它是一种涤纶的纺织物，有纯纺的，也有与棉、毛混纺的，的确良"decron"的粤语音译，广州人写成"的确靓"。"靓"是漂亮的意思，比如"靓仔"就是漂亮男孩。所以"的确靓"是典型的粤语译法，追求音近意佳的。但六七十年代"的确良"从广州进口时，粤语还不像现在这么普及，北方人弄不清那"靓"是什么东西（甚至也不会读），就改成"的确凉"。后来发现这玩意也未必凉快，又改成"的确良"。用"的确良"做的衣物耐磨、不走样而且容易洗，也容易干，但缺点也很明显，既不环保，又不舒服，透气性较差，不吸汗，而且一碰到水，衣服就容易粘在皮肤上，特别是夏天的雨季，穿着"的确良"衬衫被淋雨，就会有走光的尴尬。然而就是这种"的确良"，怎么穿都不皱、不破，而且印花颜色鲜亮，大家竞相穿着"的确良"。

在 20 世纪 70 年代初期,一般人家很少去买成衣,"自己动手、丰衣足食",普通人家拿上布票扯上布,自己做衣服,涤纶、灯芯绒是当时大众选择最多的衣料。而"的确良"在当时是很高级的衣料了,从价格上说,它比普通的棉布要贵好几倍。军队也是从 1973 年开始发放"的确良"军装。在炎热的夏天,如果能穿上一件"的确良"短袖衬衫,说明家境已经相当不错了,代表着时髦和前卫。"的确良"的流行一直延续到 20 世纪 80 年代。那时,处于热恋中的青年男女,男子倘若给女友送上一条"的确良"裙子,出手已经相当阔绰了,女人们会经常把"的确良"衣服穿在身上,"秀"给同事或者左邻右舍看,以显示她的时尚。

在那个物资匮乏的年代,"的确良"确实解决了人们穿衣的难题。普通棉布凭布票是一尺买一尺,而用布票购买"的确良"要宽松得多,至少一尺布票可以购买两尺的确良,它帮助人们度过那段艰难的岁月,而且还可以帮助人们穿着得更为体面和潇洒。

"小白鞋"

白帆布运动鞋的别称,估计不少 60 后对这三个字怀有强烈的怀旧情结。具有同等怀念价值的东西还有与小白鞋相匹配的白鞋粉。更年轻一些的朋友可以向父母一辈打听一下,没准他们的同学里就有外号叫"小白鞋"或"白鞋粉"的人。

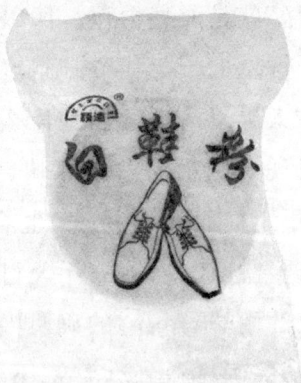

20 世纪 70 年代的白球鞋和白鞋粉

"假领子"

假领子的诞生年代是在建国后相当困难的一段历史时期，一向爱美、讲体面的上海人，面对极其匮乏的物质生活，也有点无所适从。为了发扬节俭精神，从牙齿缝里固然可以挤出一些钱，可是有钱也买不到东西，比如买服装要凭布票。但任何困难似乎都挡不住人们的爱美之心，看到零碎的布头不需要凭票供应，精明的人们就拿它们制成"节约领"（假领子），也就是相当于衬衣少了袖子和胸部以下的部分。这一项发明让老百姓有限的衣服行头顿时可以翻出更多花色，后来假领子在其他一些城市也很流行，成了那个时代的一种标志物。

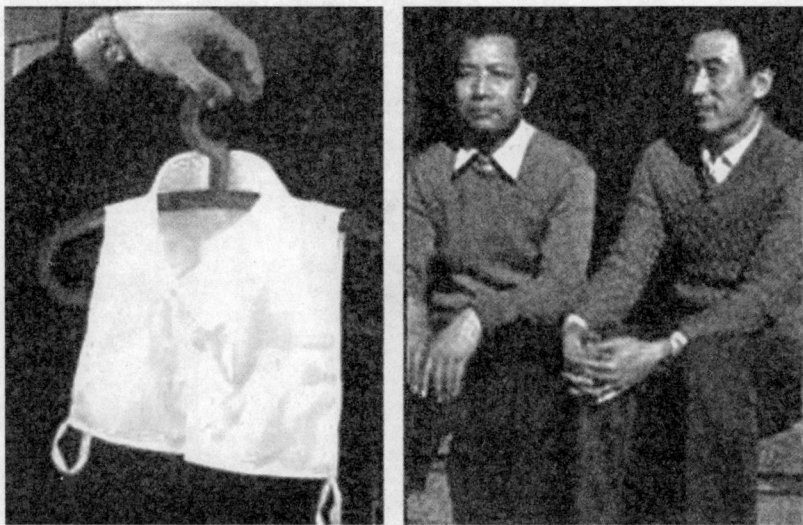

20 世纪 70 年代的假领子服装

"上海制造"

无论是北京人，还是广州人，只要到上海出差，总会替身边的亲朋好友捎买大量的服装，在今天几乎难以想象，"上海制造"一度成为中国服装时尚与潮流的代名词。

"大尖领"

流行时尚其实是人们创造出来的，在这历史变革之际，体现时代风尚的服饰,尤其表现出多变的情态。20 世纪 70 年代前后已经出现流行穿大尖领子的衣服,流行穿家制的卡其喇叭裤,穿尼龙布衫内衬定型棉的外套。由于压抑太久的心理早已渴望服饰的改变,因此面对突如其来的"奇装异服",人们十分惊喜。思想开放的女孩子脱去了暗淡灰色的外衣,穿着色彩鲜艳的编织毛衣来留住美丽;同时,也在用行动呼唤服饰的变革,呼唤服饰春天的到来。

大尖领

20 世纪 80 年代

蝙蝠衫

　　一部叫作《霹雳舞》的歌舞片成了 20 世纪 80 年代青年的流行风向标,剧中人物身着蝙蝠衫,头上裹着布,脚踩高帮运动鞋,一遍遍地模拟擦玻璃或者外星人行走的样子,成为当时年轻人追逐的对象,于是蝙蝠衫也成为了那个年代的流行装。蝙蝠衫宽宽大大的袖子一改传统服装的样式,让人们耳目一新。

20 世纪 70 年代蝙蝠衫和体形裤

"红裙子"

　　20 世纪 80 年代流行一部电影《街上流行红裙子》,反映的是纺织厂的女劳模与漂亮裙子之间的矛盾冲突,谁也没有预料到,这部影片会成为那个年代中国人服装革命的写照。银幕上的"红裙子"是中国女性从单一刻板的服装样式中解放出来,开始追求符合女性自身特点的服装色彩和样式的一个标志性道具,一个多样化、多色彩的女性服装时代也随之正式到来。

《街上流行红裙子》剧照

《街上流行红裙子》剧照

"蛤蟆镜"

美国电视连续剧《大西洋底来的人》是最早在中国官方电视台公映的西方影视作品之一,这给中国服饰带来的副产品有两样:一是大得有些夸张、造型有些奇特,并且贴着商标的蛤蟆镜;另一个是裤管大得出奇、臀部包得很紧的喇叭裤。

20 世纪 90 年代

20 世纪 90 年代是中国女性服装变化最快的年代。1990 年,卡地亚以"拓荒者"身份率先进入中国市场。1992 年,路易·威登进驻中国,那时如果你不知道这个名字,只能说明你跟时尚无缘。随后,"巴宝莉""古姿""爱玛仕""乔治·阿玛尼""范思哲"纷至沓来,成为国人追求时尚潮流的风向标。普通民众的衣着服饰一改过去"从众"和"趋同"的心理,变得讲究个性色彩斑斓,令人目不暇接。中国女性的日常着装意识在这个年代发生了一次彻底的革命,她们从长期以来的注重价格和款式变化为更注重品牌,着装的品牌档次成为女人品位、档次的主要标志——中国女性开始以更独立的身份出现在重要的社交及商务场合，"没有件名牌的行头没法见人"成为女白领的共识。

与此同时，一种潮流还没有形成几乎就面临着过时的尴尬。一群北京女孩托一位在广州上大学的同学捎带当时很时髦的健美裤，没想到同学暑假回北京时带的好几条健美裤大家却都不愿意再要，原因是健美裤已经过时了。

在大城市里，这一时期的女人都习惯到专卖店买衣服鞋子，而低收入的城市女性则更多地光顾各种服装摊，那里有更大量的款式与花色的服装供人选择，价格也更加便宜。这时，统治了中国消费市场几十年的高不成低不就的国营百货商店的服装柜台，一时门可罗雀，除了外地旅游者，几乎无人问津。昂贵的专卖店和便宜的地摊，成为20世纪90年代中国年轻女性们选购服装分化的两极，中间地带几乎不存在。

除了对品牌的追宠外，服装大胆的尺度也开始挑战中国人的眼球，内衣外穿、露脐装、哈韩服等都站到了流行前沿。当露脐装、吊带装最早在中国出现时，让很多人的眼光无所适从。天寒地冻的严冬季节，人们依旧能看到穿着单薄的美女掠过，保暖内衣的热销、私人汽车的普遍、办公条件的优越，足以使更多的女性把夏天的轻衫薄裙一直穿到雪花纷飞。

20世纪90年代中后期，以传统吉祥为图案做服饰面料的中装也悄悄地在都市中流行起来，传统的吉祥图案是在中国古代农耕文明以及耕读文化基础上产生的，它在相当程度上具有顽强的传承性，采用妇孺皆知的物象象征符号，吉祥图案既体现了民众的生活智慧和文化想象力，也直接展现了民众对美好生活的向往以及对人生所寄托的各种质朴或夸张的心愿与欲望。一时流行的以传统吉祥为图案的中式服装追求艳丽的效果，大红大紫，传统图案，明黄色调，皆可搭配成衣，因此与西式服装比较起来更为醒目抢眼，成为一种新的时髦。

20世纪90年代，中国服装便实现了与世界的同步。奢侈、豪华、昂贵不再是用来批判西方生活方式的专用词,而成为人们理直气壮的生活追求,对名牌的崇拜成为高尚品位的表现。

20世纪90年代至新世纪初年,"一步裙"在年轻女性中开始流行。当时有部国产电视剧《公关小姐》引发了收视热潮,剧中女主角的着装成为观众竞相模仿的对象。因此,在很多城市,满大街都是穿"一步裙"的女人。

所谓一步裙,顾名思义,就是穿上之后你的腿只能张开差不多一步那么大。这种裙子短而紧,对身材要求颇高,后来发展成办公室女性的职业装扮。那个时候有一部国产电视连续剧《公关小姐》,一步裙设计的别出心裁之处,就在于裙摆的下沿距女性的膝盖骨也就一寸多一点儿。当时的一步裙大都为黑色,这是商家迎合人们心理的一种市场动作,"黑"与"白"相对,所谓黑白分明,会产生一种独特的视觉效果。

《公关小姐》剧照

个性张扬——21 世纪

进入 21 世纪以来,中国人对着装的追求已经转向个性化、多元化。服装的主要作用已经不再是御寒,而是一种个性魅力的展现。同时,随着改革开放的不断深入,在世界服装时尚进入中国,给中国人的服装注入新鲜活力的同时,世界服装艺术中的中国元素也开始得到越来越广泛的体现。唐装走俏全球,旗袍热遍世界,中国服装作为一种文化潮流和商业主流在全世界受到了更加广泛的注目。

(说明:本书使用的个别图片无法与原作者取得联系,在此表示歉意,敬请原作者及时与我社联系,我社将按照有关标准支付报酬。)